中等职业学校创新示范教材

美丽园林
——校园植物景观

赖娜娜　主编

中国林业出版社
China Forestry Publishing House

图书在版编目（CIP）数据

美丽园林：校园植物景观 / 赖娜娜主编 . —北京：
中国林业出版社，2019.10
中等职业学校创新示范教材
ISBN 978-7-5038-8228-9

Ⅰ. ①美… Ⅱ. ①赖… Ⅲ. ①校园—园林植物—景观
设计—中等专业学校—教材 Ⅳ. ① TU986.2

中国版本图书馆 CIP 数据核字（2015）第 250100 号

美丽园林——校园植物景观

赖娜娜　主编

责任编辑：田苗

出版　中国林业出版社（100009　北京市西城区德胜门内大街刘海胡同 7 号）
　　　　http://www.forestry.gov.cn/lycb.html　电话：（010)83143557
发行　新华书店
印刷　河北京平诚乾印刷有限公司
版次　2019 年 10 月第 1 版
印次　2019 年 10 月第 1 次
开本　710mm×1000mm　1/16
印张　10.75
字数　153 千字
定价　56.00 元

前　言

　　校园植物景观既能让人们了解自然、热爱自然、感知自然，也承载着深厚的校园文化内涵。校园内乔木、灌木、地被高低错落，层层绿化；花坛、花境、立体绿化多变相融，美不胜收。一草一木一亭一椅有机结合，既营造出安静美好的读书学习氛围，也创造了轻松愉悦的文化活动场所和工作环境。身处美丽校园，师生们的行为和思想受到了潜移默化的积极影响，在校园内日常的教学和实践中，不断修德强技，树木树人。

　　本教材以国家中等职业教育改革发展示范学校——北京市园林学校及其实训基地为例，通过实测校园绿地、阐释校园绿地文化内涵、绘制校园植物导览图，从多个角度逐步解读校园植物景观的自然面貌、景观赏析和校园文化内涵，便于学生加强园林植物识别、植物应用等专业实践，深刻理解校园植物景观文化内涵。有特色的校园植物景观建设对园林专业类院校的专业发展具有重要意义，它既为专业实践提供重要的实训基地，也为社会提供很好的科普教育基地。

本教材由赖娜娜担任主编，乔程、程超担任副主编，其他编写人员包括邵淑河、谢万里、马春龙、杨立新、李方园。

本教材可作为园林绿化技术人员、导游服务人员、科普工作者、校园环境建设管理人员及广大园林植物爱好者的参考书。

编者

2019年9月

目　录

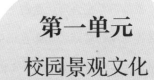

第一单元

校园景观文化

　　校园不单是为师生营造一个优美的学习、工作和生活环境，良好的校园景观建设，更多是对身处美丽校园师生们的行为和思想起到潜移默化的积极影响。通过自然山水、林泉溪流来陶冶师生情操，可以提升精神修养，达到身心兼修的目的。因此在校园景观建设之初，可以充分结合植物文化和园林文化进行设计；使用过程中，再充分挖掘景观文化底蕴并予以说明，可以使校园中的植物和景观呈现出浓厚的文化内涵，从而在日积月累之中引导师生积极向上，提升师生文化修养和专业素养。

　　以北京市园林学校为例，作为以园林专业为主的中职学校，依据"设施设备标准化，校园环境景观化，景观环境教学化，教学环境人文化"的四化建校方针，以"环境育人"为具体目标，以建设与学校整体格局和谐统一的文化环境为具体内容，在校园景观中营造出春花烂漫、夏荫浓郁、秋色斑斓、冬景苍翠的四季美景（图1-0-1至图1-0-4）。后期建设与养护中不断优化校园植物景观，提升教学和学习环境，全面推进校园园林特色文化建设，打造"一草一木融入教学，一景一物引导教育"的园林特色校园，使校园景

图1-0-1　校园春景

观散发出浓郁的园林文化气息，让师生融入园林，感知自然与人文，在潜移默化之中提高内在修为，从而实现学校"修德强技，树木树人"的教育理念和目标。

图1-0-2　校园夏景

图1-0-3 校园秋景

图1-0-4 校园冬景

第一部分 校园景观文化建设

北京市园林学校占地约66 472㎡，南北方向长约310m，东西方向长约233m。学校结合专业特色、教学需求，对空间进行了合理的设计，提出了"设施设备标准化，校园环境景观化，景观环境教学化，教学环境人文化"的建校方针。具体的景观结构为"二轴一环五区五园"，即两条景观精神轴，一个园林生态环，五个景观区，五个园中园（图1-1-1）。

一、景观精神轴

北京市园林学校的校园体现"春华秋实、知行合一"的景观精神。景观精神轴即校园的十字轴，南北方向从知识之门即学校大门，经"青松云影"和"秋实广场"至秋实楼，向北延伸至北墙草锦即白蜡树大道；东西方向则是从行知楼到春华楼，两条轴线的交点是秋实广场，可见校训"修德强技，树木树人"。

"青松云影"是进入校园后首先映入眼帘的景观，主要种植雪松和矮紫杉，配有各种观赏草和置石，形成参差错落的视觉效果，不仅保证了四季景观优美，更寓意着坚强、持久的精神力量。"秋实广场"植有银杏，呈树阵形式，夏天可以在树荫下举行活动，秋

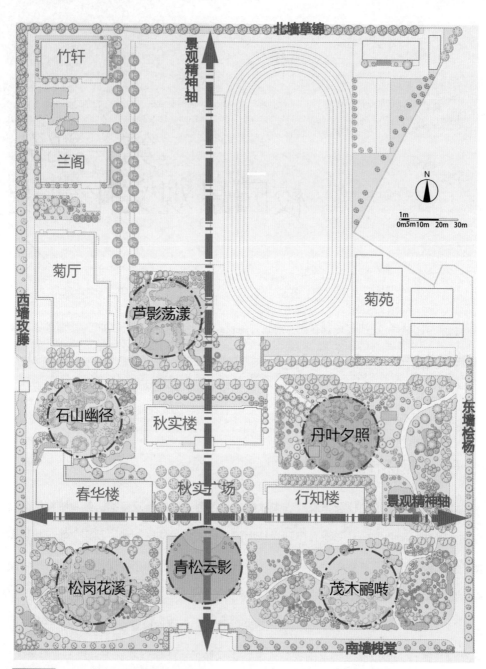

北墙草锦

景观精神轴

竹轩

兰阁

菊厅

西墙玫藤

N

1m
0m5m10m 20m 30m

芦影荡漾

菊苑

石山幽径

秋实楼

丹叶夕照

东墙桧杨

春华楼

秋实广场

行知楼

景观精神轴

松岗花溪

青松云影

茂木鹂啭

南墙槐棠

图1-1-1 北京市园林学校校园平面图

图1-1-2 青松云影

图1-1-3 秋实广场

图1-1-4 题有校训的春华楼

图1-1-5 秋实楼北侧

天可以欣赏美丽的黄叶（图1-1-2至图1-1-5）。

校训"修德强技，树木树人"，时刻提醒着学生立志、为学，成为行业的有用之材；时刻提醒教师"十年之计，莫如树木；终身之计，莫如树人"，抓好培养人才的大事。

二、园林生态环

校园园墙沿线带状绿地形成了园林生态环，不仅对校园小气候的形成起到了重要作用，还创造了优美的四季景观。园林生态环展示了很多藤本植物，主要景观有"东墙桧杨""南墙槐棠""西墙玫藤""北墙草锦"。

"东墙桧杨"，突出冬季景观，主要植物有圆柏、大叶黄杨和藤本月季。

"南墙槐棠"，突出春景，主要植物有棠棣和金枝国槐，还配置凌霄、平枝枸子（图1-1-6）。

图1-1-6　南墙槐棠

图1-1-7　北墙草锦

"西墙玫藤"，突出夏季景观，主要植物有黄刺玫、南蛇藤、山荞麦、爬山虎和一些宿根花卉。

"北墙草锦"，突出秋季景观，主要植物有白蜡树、五叶地锦和观赏草（图1-1-7）。

园林生态环通过植物的季相变化表现四季轮回，时间珍贵。教育学生"寸金难买寸光阴""青春须早为，岂能长少年"；要抓紧在学校的每一分每一秒，学好专业知识，成为园林行业的有用之才。

三、景观区

古诗有云："浅深红白宜相间，先后仍须次第栽；我欲四时携酒去，莫叫一日不开花。"景观区借鉴此法进行建设，形成五个景区："松岗花溪""茂木鹂啭""丹叶夕照""芦影荡漾""石山幽径"。

1. 松岗花溪

"松岗花溪"景观区位于春华楼南侧，主要景观为堆砌地形形成山岗，山岗上遍植油松、白皮松、圆柏、紫叶李等植物，在山岗下的小径旁，有锦带花、欧李、八仙花、丁香、海州常山、连翘、蓝叶忍冬、白鹃梅等观花乔灌木，在不同的季节中展现出不同的美景，给学生营造了幽雅的读书环境（图1-1-8）。

2. 茂木鹂啭

"茂木鹂啭"景观区位于行知楼南侧，景观主题为"阴阴夏木，黄鹂鸣啭"。夏天时，这里的乔灌木生长茂密，有紫花刺槐、桑、君迁子、流苏树、雪柳、白皮松、柘树、郁

图1-1-8　松岗花溪

李等，鸟儿在树林中自由地穿梭、鸣叫，颇有"蝉噪林愈静，鸟鸣山更幽"的意境；林下遍植玫瑰，微风吹过时能够在炎炎夏日给人们带来一丝凉意和阵阵芳香。"茂木鹏啭"寓意着机会只给有准备的人，就像植物经过数个春秋不断成长，形成"阴阴夏木"后，鸟儿自会来筑巢。

3. 丹叶夕照

"丹叶夕照"景观区位于行知楼北侧，其特色为秋色彩叶。有诗云"梧叶新黄柿叶红，更兼乌桕与丹枫"，丹叶夕照景区就营造了这样的场景。景观区中主要的秋色叶树种有樱花、阿穆尔小檗、枣、柿树、紫薇、'金枝'国槐、栾树、元宝枫等，有的植物在强光、低温、干旱的条件下，叶子在凋落前会积累大量的花青素或类胡萝卜素，因而形成秋色叶（图1-1-9、图1-1-10）。

图1-1-9 丹叶夕照——'金枝'国槐　　　图1-1-10 丹叶夕照——阿穆尔小檗

4. 芦影荡漾

"芦影荡漾"景观区位于菊厅东侧。颇有"浅水之中潮湿地，婀娜芦苇一丛丛；迎风摇曳多姿态，质朴无华野趣浓"的意境。芦苇茎直株高，迎风摇曳，野趣横生，朴实无华，具有净化水源的作用（图1-1-11）。

5. 石山幽径

"石山幽径"景观区位于春华楼北侧，石头外貌朴实无华，却内蕴风采，大有大智若愚的贤者之风。"有高有凹，有曲有深，有峻而悬，有平而坦，自成天然之趣"（图1-1-12）。

图1-1-11 芦影荡漾　　　图1-1-12 石山幽径

四、园中园

北京市园林学校校园中有5个园中园，分别为屋顶花园、竹园、岩石园、水生园、多年生花卉园。

1.屋顶花园

屋顶花园位于秋实楼楼顶，选用了丰富多彩的新优花卉进行造景，可作为学生的实训场地。屋顶花园环境条件特殊，具体表现为土壤厚度有限，存水能力差，昼夜温差大，阳光强烈等。所以，选择的植物需要具有一定的抗逆性，还需要具有一定的观赏性（图1-1-13、图1-1-14）。

图1-1-13　屋顶花园

图1-1-14　屋顶花园一角

2.竹园

竹园位于竹轩南侧，漫步竹园，每当清风徐来，你总能听到自然的声音，低吟浅唱时近时远，时急时徐，时唱时述，淡雅婉转，变化莫测，扣人心弦。

竹子，大家并不陌生，"岁寒三友"之一，它在我们的衣食住行中扮演了重要的角色，渗透到了日常生活的方方面面。北宋诗人苏轼曾说："食者竹笋，居者竹瓦，载者竹筏，炊者竹薪，衣者竹皮，书者竹纸，履者竹鞋，真可谓不可一日无此君也。"苏东坡也直接在《於潜僧绿筠轩》中写道："宁可食无肉，不可居无竹。无肉令人瘦，无竹令人俗。人瘦尚可肥，士俗不可医。"

喻人托物，竹子被中国人赋予了精神追求，它的四季常青象征着顽强的生命、青春永驻；空心代表虚怀若谷的品格；枝弯而不折，是柔中带刚的做人原则；生而有节象征着高风亮节。挺拔洒脱、正直清高、清秀俊逸是文人的人格追求。可见竹子早已深得中国人的喜爱。人们将这种喜爱从荒野山林挪到了庭院之中，使竹子在中国园林景观中发挥了重要的作用。

或"竹里通幽"，或"粉墙竹影"，或"竹石小品"，在校园里，竹子被运用到很多地方，而学校的竹园则对竹子进行了集中展示。宽大敦厚的箬竹，高大笔直的早园竹，绚烂夺目的黄金竹等，一棵棵扶摇凤尾，秀丽清雅，散发出淡淡清香。课间闲余，独坐于幽静的竹林之中，弹琴奏乐，无人打扰，只有青翠挺拔的竹君相伴，享尽竹林的静美。

3. 岩石园

岩石园位于春华楼北侧。穿过春华楼东侧走廊，再北行几步，左前方的视野豁然开朗，令人眼前一亮，便来到了校园内另一个精工细作的园林景观——岩石园（图1-1-15）。

脚下一条蜿蜒的小路消逝在茂密的丛林背后。小路左侧植被低矮，翠绿的玉簪成片栽植，一串串雪白的玉簪花随风起舞，摇曳生姿，草地上点缀有几块白石，或光滑，或棱角，憨厚可爱。小路右边有一块光滑秀美的湖石高高耸立，雪白的湖石旁伴有几棵桃树和一片青翠挺拔的竹林，春时桃花朵朵，一片烂漫，夏时竹林萧萧，如歌如诉。

沿着小路绕过湖石和树林，空间突然开阔明亮起来，一座叠石假山屹立眼前。这座假山由许多大块石料递层而起，石间相互咬合，外形势态变化自然，既玲珑清秀，又峻峭雄伟。细部纹理采用卷云皴法，使高耸的山峰犹如朵朵云彩，上下翻滚，丰富了山的形态。皴法与山石轮廓和谐融洽，浑然一体，增强了叠石的艺术感染力。意外

图1-1-15　岩石园秋景

的是，咫尺之间营造的假山竟然还有山峰、山洞、崖壁、峡谷、山泉，小中见大，曲径通幽，令人目不暇接、连连叫好，不断称赞匠人们鬼斧神工的技艺令这咫尺山林宛若天成。

夕阳西下，清风又起，走累了倚石而憩，闭上眼睛，这峻秀的山石、这清澈的山泉、这绚烂的花木伴着竹林萧萧、松涛阵阵、花香徐徐在脑海里却越来越清晰，恰如诗云："一匮功盈尺，三峰意出群。望中疑在野，幽处欲生云。慈竹春阴覆，香炉晓势分。"

4.水生园

水生园位于秋实楼北侧。杨柳垂垂风袅袅，嫩荷无数青钿小。水生植物园坐落于中心轴的北端，秋实楼的后面。闻名以为只是水生植物展示区，漫步其中，发现它实则是集山石、水泉、林木花草、鸟兽虫鱼为一体的园林景观，体现出了环境艺术和文化传统的丰富内涵（图1-1-16至图1-1-18）。

图1-1-16 水生园全景

图1-1-17 水生园清泉

图1-1-18 水生园冬景

　　春夏秋冬，随着季节的变化，粉绿黄白的园内色彩不断变换，热闹非凡。早早的，迎春迫不及待地抛洒出耀眼纯粹的柠檬黄，宣示着一年的美丽风景即将登场；入口的猬实营造出粉红色的海洋，花儿一朵挨着一朵，花枝一簇压着一簇，美得令人目不转睛，无暇喘息。接着那粉嫩的杏花、鲜红的石榴、多变的金银花、幽蓝的马蔺、火红的凌霄、雪白的泽泻、棕色的香蒲，一个个争先恐后，粉墨登场。棱角分明的方石或散落或堆叠于院子各处，在林下，在水旁，布置精巧，宛若天开。一股清泉自峻秀的叠石中涌出，蜿蜒向前，最后汇聚成湖。湖边山石相依，绿柳低垂，一棵棵鸢尾青翠欲滴，一丛丛芦竹随风摇曳；湖中碧波荡漾，清澈见底，一簇簇睡莲娇美斐然，一块块鹅卵石圆润铺底。在这个仙境般的园子里，水里的鱼儿追逐嬉戏，自由舞动；树上的鸟儿穿梭跳跃，纵情鸣唱。

忙完了工作和学习，轻轻融入这片美景，倚石而坐，闭目养神。这美景既让人轻松愉悦，放下一切，又让人陷入沉思，心有所得。是啊，人亦如这园子里一石一鸟一花一树，都有自己存在的价值。找到自己闪光的位置，珍惜光阴，发挥自己的价值，那人生定会如这风景般辉煌灿烂，多姿多彩。

5. 多年生花卉园

多年生花卉园分为三部分，分别位于春华楼南侧、兰阁东侧和竹轩东侧。春华楼南侧主要种植球根花卉，如郁金香、风信子、水仙等，兰阁东侧主要是宿根花境，竹轩东侧主要是混合花境。多年生花卉园除了展示植物种类外，还展现花卉的图案美和群体美，通过不同植物的观赏特性，如花期、株高、色彩等，形成整体丛植效果（图1-1-19、图1-1-20）。

图1-1-19 球根花卉区

图1-1-20 花境

园林景观中的一草一木一石经过有机结合，均可构成小景。挖掘景观中的文化内涵，使文化构建环境，使环境晓明事理，以事理感化师生。通过基础设施建设及实践活动对园林小景内涵进行阐释，引导师生对校园中一草一木、一亭一椅所蕴藏的深厚文化底蕴进行思考，得出授业求学、为人处世的重要思想启发，树立起正确的人生观、世界观、价值观。

第二部分
校园园林小景内涵

一、"桃李不言"景观

在"茂木鹂啭"景观区西侧，可以看到片植的碧桃和紫叶李。春季一树繁花，粉妆玉砌；夏秋季则硕果累累，佳实飘香。林下有一条古朴的石板路蜿蜒穿过，来往的师生们情不自禁地驻足欣赏。古语云："桃李不言，下自成蹊。"这是提醒师生为人做事要低调，不张扬，

图1-2-1　桃李不言

不夸耀，个人的人格魅力自然会给人留下深刻的印象，形成强烈的感召力（图1-2-1）。

二、"静听松风"景观

"冷冷七弦上，静听松风寒"。风与松是琴瑟合奏的知音好友，数千年来风熟练流畅地

拨动着松林绿色的琴弦，随之而来的松涛声声起伏，令多少人为之驻足倾听，令多少人为之写诗吟唱。天籁的合奏，大自然的力量，令人心无旁骛，神清气爽。岩石园是听松的好去处，择一块山石静坐，闭目聆听阵阵松涛，顿时让人心胸开阔，如释重负。它告诉我们人生有太多的坎坷和不如意，有时要放下执念，给疲惫的心一个安静的去处（图1-2-2）。

三、"竹石相依"景观

岩石园南侧有一竹石小景，青石棱角分明，线条曲折多变，石后有一丛翠竹随风摇曳，正映衬了那句诗："咬定青山不放松，立根原在破岩中。千磨万击还坚劲，任尔东西南北风。"这一小景告诉过往的师生，在为人、做事、求学的过程中会遇到各种逆境，在困难挫折面前，应坚定自己的初衷和信仰，保持不屈不挠的品格（图1-2-3）。

图1-2-2　静听松风

图1-2-3　竹石相依

四、"秋草梦春"景观

宋代朱熹在《劝学》中讲道："少年易老学难成，一寸光阴不可轻。未觉池塘春草梦，阶前梧叶已秋声。"亦如这水生植物园里的风景，春来时一片花红柳绿，夏时蝉鸣阵阵，秋至时熬过酷热的植物原以为是春天又到了，便又花红柳绿起来，哪知一场秋雨一层凉，这让人恍若春天的彩色伴随着阵阵寒意在一夜之间便褪了绿，泛了黄。伴着渐冷的秋风，日渐萧瑟的景象又在人心中增添了丝丝凉意，令人不禁感叹冬天快来了，这一年快要结束了。时光飞逝，岁月如梭，青春易老，若要在学业事业上有所成就，老师和同学们应当定下目标，珍惜时间，提高效率，让每一天都在为目标而付出。待秋冬来时，即使满目萧瑟，心中也是硕果累累，倍感欣慰（图1-2-4）。

图1-2-4　秋草梦春

第三部分
校园植物景观教学

　　校园内别具匠心的园林景观不仅是为了欣赏和休憩，更重要的是为师生提供了高水平的专业教学、实践及研究场所。校园景观可依照学校专业特色而建设，从而为专业实践教学提供保障，促使实践教学课程的比重加大，推动课程结构的优化。

　　以北京市园林学校为例，校园景观是进行专业实践和教学研究的前沿阵地，在校园内进行实践教学的主要课程有园林植物与栽培、园林植物应用、园林绿地实践、园林病虫害防治以及导游专业相关课程等，通过充分利用校园景观，达到事半功倍的教学效果。

一、园林植物

　　校园景观中，植物类别齐全，是园林绿化和园林技术专业认知植物的实践场所。在这里，学生可以学习和掌握植物一年四季的识别要点、观赏特点，还可感受植物在不同季节的个体美、群落美。

二、园林植物栽培养护

植物需要精心培育才能茁壮成长，开出繁盛美丽的花朵。校园景观不仅给"园林植物栽培养护"课程提供实践场所，同时还引导学生明白"三分种，七分养"的道理。

良好的园林景观效果不仅需要初始的设计，更需要建成以后的精心管理。缺失了管理，园林就会变成荒野。植物日常管理需要浇水、施肥、打药、修剪等措施来保证健康生长。在多年的栽培管理过程中，人与植物共同升华，教师和学生对植物的认知逐渐加深，养护水平逐渐提高，同时植物在精心的管理下姿态万千风景如画。

三、园林设计基础

"园林设计基础"课程中的造景手法，如障景、对景、夹景等，都能在校园景观中有所体现，校园景观把课本上抽象的理论知识化为实例，方便教师现场教学和学生的理解。

四、园林植物应用

校园中的植物经过多年的生长，已经形成良好的群落，有些植物经过逐年的修剪改造，已形成优美的植物景观。学生可进行观摩学习，感受园林植物之美。树木亦如树人，植物经过精心的栽培管理可以成为园林景观中画龙点睛的一笔，莘莘学子经过正确的引导便可成为国家百年兴盛的栋梁之材（图1-3-1）。

五、园林工程

校园景观中的园路、水体、地形、植物、假山、置石无不彰显北京市园林学校园林工程技术的精湛，不仅为园林工程课程提供实践场所，更是培养学生在工程施工中诚实守信、吃苦耐劳精神的场地。

图1-3-1 局部景观植物配置

六、有害生物防控

对校园景观中的植物进行病害、虫害防治，不但给学生提供了实践机会，还培养学生细心观察、认真负责、实事求是的职业素养。

第二单元

北京市园林学校
校园植物

　　北京市园林学校校园共分为17个地块，每个地块都有特色突出的植物种类（图2-0-1、图2-0-2）。根据地块平面图，学生可以进行植物认知学习。

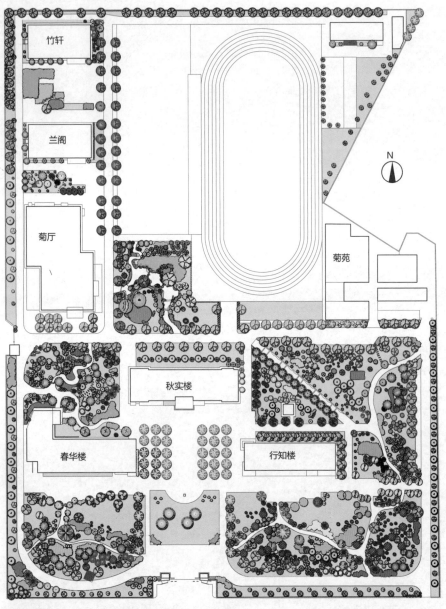

图 2-0-1　北京市园林学校植物平面图

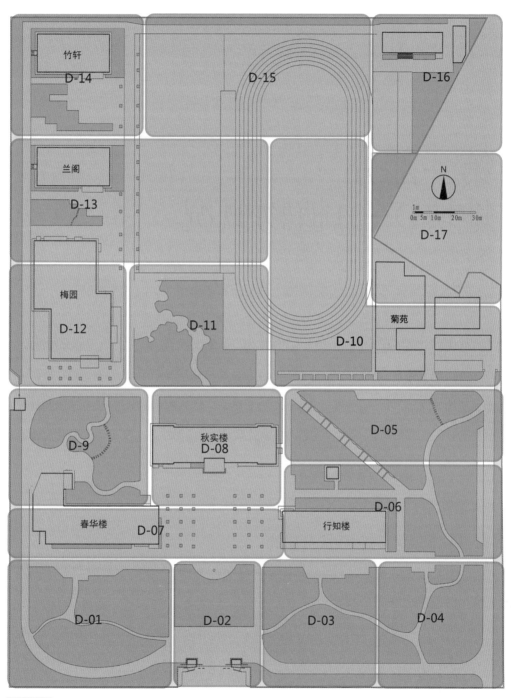

图2-0-2 北京市园林学校分区示意图

第一部分
地块D-01植物概况

　　地块D-01位于北京市园林学校校园西南侧，主景观区"松岗花溪"位于春华楼(教学楼)南侧，两翼景观为棣棠、国槐、圆柏、山桃及宿根花卉构成的南墙及西墙绿化带，占地面积约4667m²。由于该景观位于学校前方右翼，又处于教学楼前，师生立于窗前就可欣赏到美丽的四季景观，观察学习园林植物的季相变化（图2-1-1）。地块内植物配置见表2-1-1。

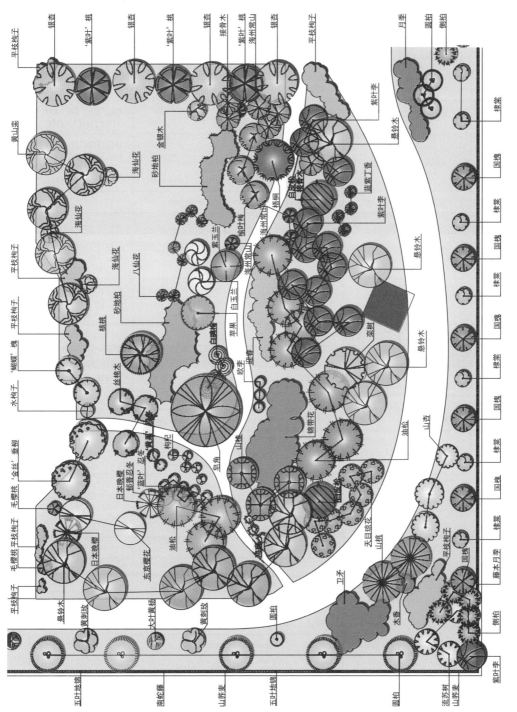

图2-1-1 "松岗花溪" 平面图（D-01）

第二单元 北京市园林学校校园植物 | 029

表2-1-1 "松岗花溪"（D-01）植物明细表

序号	植物名称	科	属	拉丁名	所属地块
常绿乔木					
1	白皮松	松科	松属	*Pinus bungeana*	D1，D3，D4，D11
2	油松	松科	松属	*Pinus tabuliformis*	D1，D5，D6，D9，D11，D13，D16
3	圆柏	柏科	圆柏属	*Sabina chinensis*	D1，D2，D3，D4，D5，D6，D7，D8，D9，D10，D11，D12，D13，D14
4	侧柏	柏科	侧柏属	*Platycladus orientalis*	D1
常绿灌木					
1	砂地柏	柏科	圆柏属	*Sabina vulgaris*	D1，D2，D3，D4，D5，D6，D8，D9，D11，D14
2	大叶黄杨	卫矛科	卫矛属	*Euonymus japonicus*	D1，D4，D5，D6，D7，D9，D10，D12，D13
3	卫矛	卫矛科	卫矛属	*Euonymus alatus*	D1
落叶乔木					
1	苹果	蔷薇科	苹果属	*Malus pumila*	D1，D5，D6
2	'紫叶'桃	蔷薇科	桃属	*Amygdalus persica* 'Atropurpurea'	D1，D3，D5
3	紫叶李	蔷薇科	李属	*Prunus cerasifera* f. *atropurpurea*	D1，D3，D5，D6
4	山杏	蔷薇科	杏属	*Armeniaca sibirica*	D1，D9，D11，D13
5	山楂	蔷薇科	山楂属	*Crataegus pinnatifida*	D1，D4
6	日本晚樱	蔷薇科	樱属	*Cerasus serrulata*	D1，D4，D6
7	东京樱花	蔷薇科	樱属	*Cerasus × yedoensis*	D1，D4，D6
8	白玉兰	木兰科	木兰属	*Magnolia denudata*	D1，D11
9	紫玉兰	木兰科	木兰属	*Magnolia liliflora*	D1
10	流苏树	木犀科	流苏树属	*Chionanthus retusus*	D1，D3，D4，D8，D9
11	皂角	豆科	皂荚属	*Gleditsia sinensis*	D1
12	国槐	豆科	槐属	*Sophora japonica*	D1，D2，D3，D4
13	'蝴蝶'槐	豆科	槐属	*Sophora japonica* 'Oligophylla'	D1，D11
14	'金丝'垂柳	杨柳科	柳属	*Salix alba* 'Trisyis'	D1

序号	植物名称	科	属	拉丁名	所在地块
落叶乔木					
15	悬铃木	悬铃木科	悬铃木属	*Platanus × acerifolia*	D1，D3，D5，D6
16	核桃	胡桃科	胡桃属	*Juglans regia*	D1，D9
17	栾树	无患子科	栾树属	*Koelreuteria paniculata*	D1，D5，D8，D9，D10，D11，D12，D14
18	丝棉木	卫矛科	卫矛属	*Euonyumus maackii*	D1，D9
19	梧桐	梧桐科	梧桐属	*Firmiana simplex*	D1，D4
20	银杏	银杏科	银杏属	*Ginkgo biloba*	D1，D3，D7，D8，D16
落叶灌木					
1	白鹃梅	蔷薇科	白鹃梅属	*Exochorda racemosa*	D1
2	棣棠	蔷薇科	棣棠花属	*Kerria japonica*	D1，D3，D4，D9，D12，D14
3	黄刺玫	蔷薇科	蔷薇属	*Rosa × anthina*	D1，D5，D6，D7，D9，D12，D13
4	鸡麻	蔷薇科	蔷薇属	*Rhodotypos scandens*	D1
5	月季	蔷薇科	蔷薇属	*Rosa chinensis*	D1，D5
6	榆叶梅	蔷薇科	桃属	*Amygdalus triloba*	D1，D4
7	毛樱桃	蔷薇科	樱属	*Cerasus tomentosa*	D1
8	欧李	蔷薇科	樱属	*Cerasus humilis*	D1
9	平枝栒子	蔷薇科	栒子属	*Cotoneaster horizontalis*	D1，D2，D3，D5，D6，D9
10	水栒子	蔷薇科	栒子属	*Cotoneaster multiflorus*	D1，D5
11	连翘	木犀科	连翘属	*Forsythia suspensa*	D1，D3，D5
12	迎春	木犀科	茉莉属	*Jasminum nudiflorum*	D1，D4，D5，D6，D9，D10，D11
13	海州常山	马鞭草科	赪桐属	*Clerodendrum trichotomum*	D1
14	八仙花	虎耳草科	八仙花属	*Hydrangea macrophylla*	D1
15	'蓝叶'忍冬	忍冬科	忍冬属	*Lonicera korolkowi 'Zabclii'*	D1
16	郁香忍冬	忍冬科	忍冬属	*Lonicera fragrantissima*	D1，D6
17	金银木	忍冬科	忍冬属	*Lonicera maackii*	D1，D4，D5，D6
18	'黄果'忍冬	忍冬科	忍冬属	*Lonicera tatarica 'Lutea'*	D1
19	锦带花	忍冬科	锦带花属	*Weigela florida*	D1，D3，D11

（续）

序号	植物名称	科	属	拉丁名	所在地块
落叶灌木					
20	海仙花	忍冬科	锦带花属	*Weigela coraeensis*	D1，D3
21	接骨木	忍冬科	接骨木属	*Sambucus williamsii*	D1
22	天目琼花	忍冬科	荚蒾属	*Viburnum sargentii*	D1，D3
23	枸杞	茄科	枸杞属	*Lycium chinense*	D1
攀缘植物					
1	木香	蔷薇科	蔷薇属	*Rosa banksiae*	D1
2	五叶地锦	葡萄科	爬山虎属	*Parthenocissus quinquefolia*	D1，D7，D9，D14，D15
3	山荞麦	蓼科	蓼属	*Polygonum aubertii*	D1，D7，D9
4	南蛇藤	卫矛科	南蛇藤属	*Celastrus orbiculatus*	D1，D7，D9，D11，D14

一、白色系观花植物

1. 白玉兰

千枝万蕊，莹洁清丽，芳香宜人，向人间传递着春天的信息。其孤身亭亭玉立，群居则玉圃琼林。不只姿色秀丽，情操高雅，而且抗烟尘、吸硫能力强，蚊蝇不敢接近。古时多在亭、台、楼、阁前栽植。现多见于园林、厂矿中孤植、散植，或于道路两侧作行道树，也可用于山坡、庭院、路边、建筑物前（图2-1-2）。

图2-1-2 白玉兰

2. 天目琼花

复伞形式聚伞花序，生于侧枝顶端，边缘有大型不孕花，中间为两性花，花冠乳白色，辐状。叶色绿，花白色，果熟时鲜红，既可观花又可观果，秋季还可观红叶，是宜于林下种植的耐阴树种。

图2-1-3　天目琼花

宜在建筑物四周、草坪边缘配置，也可在道边、假山旁孤植、丛植或片植（图2-1-3）。

3. 白鹃梅

姿态秀美，花繁洁白如雪，叶色叶形优美，清丽动人，在园林中适于草坪、庭院、林缘、路边及假山岩石间配置，亦可作花篱栽植。若在常绿树丛边缘群植，开花时宛若层林点雪，饶有雅趣；如散植林间或庭院建筑物附近，也极适宜。因其萌芽力强，耐修剪，是盆栽的好树种；其老树古桩，又是制作树桩盆景的优良素材。

4. 鸡麻

花叶清秀美丽，白花黑果，适宜丛植于草地、路旁、坡地、角隅或池边，也可植于山石旁（图2-1-4）。

图2-1-4 鸡麻

5.山楂

适应性强，抗洪涝能力强，容易栽培，树冠整齐，枝叶繁茂，病虫害少，花果鲜美可爱，秋叶红色，可栽植于山坡林缘、河岸灌丛，是田旁、宅园绿化的良好观赏树种（图2-1-5）。

图2-1-5 山楂

6.八仙花

可配置于稀疏的树荫下及林荫道旁，片植于阴向山坡。也可在建筑物入口处对植两株、沿建筑物列植一排、丛植于庭院一角，更适于用作花篱、花境。如将整个花球剪下，瓶插放在室内，是很好的点缀品。土壤的pH值变化，可以使八仙花的花色变化。为了加深蓝色，可在花蕾形成期施用硫酸铝；为保持粉红色，可在土壤中施用石灰。

7. 苹果

春季观花，白润晕红，秋时赏果，丰富色艳，是观赏结合食用的优良树种。在适宜栽培的地区可配置成观赏果园；可列植于园路两侧，对植于园路入口处；在街头绿地、居民区、庭院也可栽植，使人们感受到回归自然的情趣（图2-1-6）。

图2-1-6 苹果

8. 接骨木

枝叶繁茂，春季白花满树，夏季树姿婆娑，秋季果实累累，经久不落，是良好的观赏灌木，宜植于草坪、林缘或水边，且在园林中可配置于园路、草坪、林缘、水溪等处。因接骨木抗污染性强，可作工厂绿化树种；萌蘖性强，生长旺盛，也可用作花果篱。

9. 流苏树

植株高大优美、枝叶繁茂；初夏满树白花，如覆霜盖雪，且花形纤细，秀丽可爱，气味芳香；秋季结果，核果椭圆形，蓝黑色。是优良的园林观赏树种，不论点缀、群植、

图2-1-7　流苏

列植均具很好的观赏效果。既可于草坪中数株丛植，也宜于路旁、林缘、水畔、建筑物周围散植（图2-1-7）。

10. 珍珠梅

耐寒，耐半阴，耐修剪，生长快，易萌蘖，是良好的夏季观花植物。珍珠梅株丛丰满，花叶清丽，花期很长又值夏季少花季节，可孤植、列植，丛植效果甚佳。珍珠梅对多种有害细菌具有杀灭或抑制作用，适宜在各类园林绿地中种植，也可在建筑物北侧种植（图2-1-8）。

图2-1-8 珍珠梅

11. 欧洲荚蒾

花序繁密，大型不孕花环绕整个复伞花序，整体形状独特。花期较长，花白色清雅，适于疗养院、医院、学校等处栽植；叶浓密，内膛饱满，可栽植于乔木下作下层花灌木；果似樱桃，果小量大，红艳诱人，能形成园林观赏的视觉焦点。茎枝不用修剪自然成形，减少园林绿化成本。春观花，夏观果，秋观叶、果，冬观果，四季皆有景，是一种具有很高观赏价值的园林植物（图2-1-9）。

图2-1-9 欧洲荚蒾

二、红色系观花植物

1. 锦带花

花期正值春花凋零、夏花不多之际，花色艳丽而繁多，是北京地区重要的观花灌木之一，又是庭院中优良的配置树种，适宜在绿地丛中栽植，也宜在草地丛植，庭院房前屋后丛植或孤植均相宜。也可以作隔离带或花篱，单株盆栽亦有一定的观赏价值（图2-1-10）。

2. 榆叶梅

"长恨北地无梅花，老榆遣枝绽年

图2-1-10 锦带花

华。敢向天下首艳美，冰雪塞外春色夸。"这首诗描写的就是榆叶梅。榆叶梅花繁色艳，十分绚丽，可丛栽于草地、路边、池畔或庭院，是中国北方春季园林中的重要花灌木，有较强的抗盐碱能力，在北京的园林中也有大量应用。榆叶梅在园林或庭院中宜与苍松翠柏丛植，或与连翘配置，孤植、丛植或列植为花篱，景观极佳。宜植于公园草地、路边，或庭园中的墙角、池畔等（图2-1-11）。

图2-1-11　榆叶梅

3. 紫薇

树姿优美，树干光滑洁净，枝繁叶茂，色艳而穗繁，花时正当夏秋少花季节，是优秀的观花植物。在园林绿化中，被广泛用于公园、庭院、道路、城市街区绿化等，也可栽植于建筑物前、院落内、池畔、河边、草坪旁及公园小径两旁，还是观花、观干的盆景良材（图2-1-12）。

4. 紫玉兰

花朵艳丽怡人，芳香淡雅，孤植或丛植都很美观，树形婀娜，枝繁花茂，是优良的庭院、街道绿化植物。紫玉兰是早春观赏花木，早春开花时，满树紫红色花朵，幽姿淑态，别具风情，适用于古典园林中厅前院后配置，也可孤植或散植于小庭院、公园内（图2-1-13）。

图2-1-12 紫薇

图2-1-13 紫玉兰

5.紫荆

　　树姿优美，叶形秀丽，花形如蝶，枝干着花繁密，且花色鲜艳，是优良的园林观赏花木，多丛植于草坪边缘和建筑物旁，园路角隅或树林边缘。紫荆花开于春，开花时树上还没有叶，紫红而细小的花朵，便密密麻麻地在枝条上绽开了，特别是那遒劲的老干上拥挤着花簇，极富诗情画意（图2-1-14）。

图2-1-14　紫荆

第二部分
地块D-02植物概况

　　地块D-02位于学校正门区域，包含入门后扑面而来的迎宾区景观及校门口两侧景观，占地约2725m²。主景观"青松云影"内一块巨大的白石横卧其中，几株高耸的雪松屹立石后，观之有庄严、肃穆、厚重之感（图2-2-1）。地块内植物配置见表2-2-1。

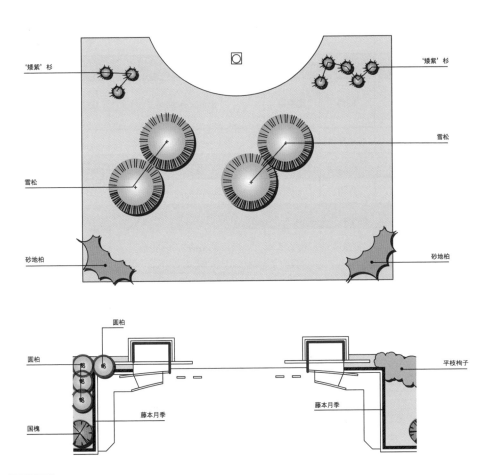

'矮紫'杉

雪松

砂地柏

圆柏

圆柏

国槐

藤本月季

'矮紫'杉

雪松

砂地柏

平枝栒子

藤本月季

图2-2-1 "青松云影"平面图(D-02)

表2-2-1 "青松云影"（D-02）植物明细表

序号	植物名称	科	属	拉丁名	所在地块
常绿乔木					
1	雪松	松科	松属	*Cedrus deodara*	D2
2	圆柏	柏科	圆柏属	*Sabina chinensis*	D1, D2, D3, D4, D5, D6, D7, D8, D9, D10, D11, D12, D13, D14
常绿灌木					
1	砂地柏	柏科	圆柏属	*Sabina vulgaris*	D1, D2, D3, D4, D5, D6, D8, D9, D11, D14
2	'矮紫'杉	红豆杉科	红豆杉属	*Taxus cuspidata* 'Nana'	D2, D6
落叶乔木					
1	国槐	豆科	槐属	*Sophora japonica*	D1, D2, D3, D4
落叶灌木					
1	平枝栒子	蔷薇科	栒子属	*Cotoneaster horizontalis*	D1, D2, D3, D5, D6, D9
攀缘植物					
1	藤本月季	蔷薇科	蔷薇属	Morden cvs. of Chlimbers and Ramblers	D2, D3, D4, D5, D6, D10

一、针叶乔木

1. 雪松

树体高大，树形优美，最适宜孤植于草坪中央、建筑前庭中心、广场中心或主要建筑物的两边及园门的入口等处，是世界著名的庭园观赏树种之一。它具有较强的防尘、减噪与杀菌能力，适宜作工矿企业绿化树种。

2. 油松

在古典园林中作为主要景物，以一株即成一景者极多，也可三五株群植，或作为配景、背景、框景等。在园林配置中，适于孤植、丛植、纯林群植。

3. 圆柏

在庭院中用途极广，耐修剪又有很强的耐阴性，下枝不易枯，冬季颜色不变褐色或黄色，且可植于建筑北侧阴处。可以群植在草坪边缘作背景，或丛植、镶嵌树丛的边缘，也可以植于建筑角隅处或作绿篱、行道树。

4. 华山松

树皮灰绿色，五针一束，冠形优美，是良好的绿化风景树。可植于假山旁、水边，也可作为园景树、庭荫树、行道树及林带树。

5. 白皮松

干皮斑驳美观，针叶短粗亮丽，可以孤植、对植，也可丛植成林或作行道树。它适于庭院中央、亭侧栽植，苍松奇峰相映成趣，颇为美观。

6. 樟子松

喜光，为深根性树种，能适应土壤水分较少的山脊及向阳山坡，以及较干旱的沙地及石砾沙土地区。耐寒性强，抗逆性强，寿命长。

二、针叶灌木

1.'矮紫'杉

树形端庄，生长缓慢，枝叶繁多而不易枯疏，剪后可较长期保持一定形状。假种皮鲜红色，异常亮丽，在园林上广为应用。'矮紫'杉是常绿树种，又有耐寒和极强的耐阴性，是北方地区园林绿化的好材料（图2-2-2）。

2. 砂地柏

很耐瘠薄，适应性强，具有护坡固沙、岸边防护、净化空气等用途。常植

图2-2-2 '矮紫'杉

于坡地观赏及护坡，或作为常绿地被和基础种植，增加层次。砂地柏地上部匍匐生长，树体低矮，冠形奇特，生长快，耐修剪，四季苍绿，在园林建设中广为应用（图2-2-3）。

3.'洒金'柏

树冠浑圆丰满，酷似绿球，叶黄绿色。'洒金'柏配置于草坪、花坛、山石、林下，可增加绿化层次，丰富观赏美感。'洒金'柏对空气污浊也有很强的抗性，常用于城市绿化，在市区街心、路旁种植，生长良好，不碍视线，可吸附尘埃，净化空气 。'洒金'柏也可丛植于窗下、门旁，点缀效果极佳（图2-2-4）。

图2-2-3 砂地柏

图2-2-4 '洒金'柏

第三部分
地块D-03植物概况

　　地块D-03位于学校校园东南侧，主景观区"茂木鹂啭"位于行知楼（行政楼）南侧，两翼景观为棠棠、国槐、平枝枸子及宿根花卉构成的南墙及东墙绿化带，该景观占地面积较大，分为D-03、D-04两块分别介绍，其中地块D-03约3460m²。"茂木鹂啭"位于学校前方左翼，又处于行政楼前，其绚丽的美景让行政楼的老师们忘记了工作的辛劳。因其内植有海棠、迎春、连翘、碧桃等大量春季开花植物，故春季艳丽缤纷（图2-3-1）。地块内植物配置见表2-3-1。

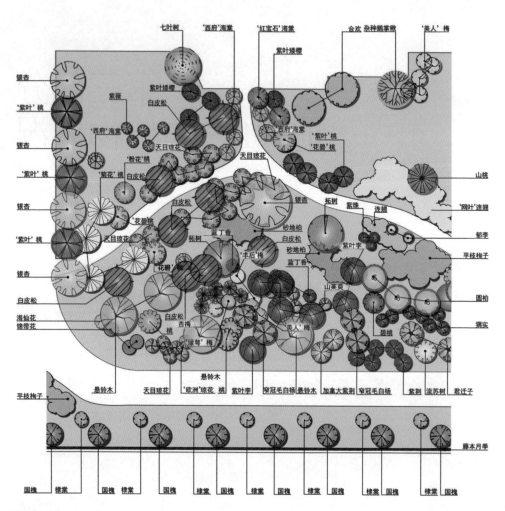

图2-3-1 "茂木鹂啭"平面图（D-03）

表2-3-1 "茂木鹂畴"（D-03）植物明细表

序号	植物名称	科	属	拉丁名	所属地块
常绿乔木					
1	白皮松	松科	松属	*Pinus bungeana*	D1, D3, D4, D11
2	圆柏	柏科	圆柏属	*Sabina chinensis*	D1, D2, D3, D4, D5, D6, D7, D8, D9, D10, D11, D12, D13, D14
常绿灌木					
1	砂地柏	柏科	圆柏属	*Sabina vulgaris*	D1, D2, D3, D4, D5, D6, D8, D9, D11, D14
落叶乔木					
1	'红宝石'海棠	蔷薇科	苹果属	*Malus micromalus* 'Ruby'	D3
2	'西府'海棠	蔷薇科	苹果属	*Malus spectabilis* 'Riversii'	D3, D4, D14
3	桃	蔷薇科	桃属	*Amygdalus persica*	D3, D4, D5
4	'紫叶'桃	蔷薇科	桃属	*Amygdalus persica* 'Atropurpurea'	D1, D3, D5
5	'花碧'桃	蔷薇科	桃属	*Amygdalus persica* 'Versicolor'	D3
6	碧桃	蔷薇科	桃属	*Amygdalus persica* f. duplex	D3, D5
7	'菊花'桃	蔷薇科	桃属	*Amygdalus persica* 'Stellata'	D3, D5
8	'粉花'桃	蔷薇科	桃属	*Amygdalus persica* 'Rosea'	D3, D9
9	紫叶李	蔷薇科	李属	*Prunus cerasifera* f. atropurpurea	D1, D3, D5, D6
10	绿萼梅	蔷薇科	杏属	*Armeniaca mume* var. typica	D3
11	'丰后'梅	蔷薇科	杏属	*Armeniaca mume* 'Fenghou'	D3
12	杏梅	蔷薇科	杏属	*Armeniaca mume* var. bungo	D3
13	紫叶矮樱	蔷薇科	李属	*Prunus × cistena*	D3, D4, D6
14	杂种鹅掌楸	木兰科	鹅掌楸属	*Liriodendron tulipifera × chinense*	D3
15	流苏树	木犀科	流苏树属	*Chionanthus retusus*	D1, D3, D4, D8, D9
16	合欢	豆科	合欢属	*Albizia julibrissin*	D3, D4
17	国槐	豆科	槐属	*Sophora japonica*	D1, D2, D3, D4
18	柘树	桑科	柘属	*Cudrania tricuspidata*	D3
19	悬铃木	悬铃木科	悬铃木属	*Platanus × acerifolia*	D1, D3, D5, D6

（续）

序号	植物名称	科	属	拉丁名	所在地块
落叶乔木					
20	君迁子	柿树科	柿树属	*Diospyros lotus*	D3
21	七叶树	七叶树科	七叶树属	*Aesulus chinensis*	D3
22	银杏	银杏科	银杏属	*Ginkgo biloba*	D1，D3，D7，D8，D16
23	窄冠毛白杨	杨柳科	杨属	*Populus tomentosa*	D3，D11，D16，D17
落叶灌木					
1	棣棠	蔷薇科	棣棠花属	*Kerria japonica*	D1，D3，D4，D9，D12，D14
2	郁李	蔷薇科	樱属	*Prunus japonica*	D3，D4
3	'美人'梅	蔷薇科	李属	*Prunus mume* 'Meiren'	D3，D9，D11
4	平枝栒子	蔷薇科	栒子属	*Cotoneaster horizontalis*	D1，D2，D3，D5，D6，D9
5	紫荆	豆科	紫荆属	*Cercis chinensis*	D3
6	加拿大紫荆	豆科	紫荆属	*Cercis canadensis*	D3
7	紫薇	千屈菜科	紫薇属	*Lagerstroemia indica*	D3，D4，D5，D14
8	连翘	木犀科	连翘属	*Forsythia suspensa*	D1，D3，D5
9	'网叶'连翘	木犀科	连翘属	*Forsythia suspensa* 'Goldvein'	D3，D4
10	紫珠	马鞭草科	紫珠属	*Callicarpa japonica*	D3
11	山茱萸	山茱萸科	山茱萸属	*Cornus officinalis*	D3
12	锦带花	忍冬科	锦带花属	*Weigela florida*	D1，D3，D11
13	海仙花	忍冬科	锦带花属	*Weigela coraeensis*	D1，D3
14	猬实	忍冬科	猬实属	*Kolkwitzia amabilis*	D3，D9
15	天目琼花	忍冬科	荚蒾属	*Viburnum sargentii*	D1，D3
16	'欧洲'荚蒾	忍冬科	荚蒾属	*Viburnum opulus* 'Roseum'	D3
17	蓝丁香	木犀科	丁香属	*Syringa meyeri*	D3
攀缘植物					
1	藤本月季	蔷薇科	蔷薇属	Morden cvs. of Chlimbers and Ramblers	D2，D3，D4，D5，D6，D10

一、梅类

梅是寒冬里一道亮丽的风景线，是人们冬季重要的观赏植物，梅花在园林、庭院、公园等很多地方被广泛种植，岁寒三友——松和竹与梅相互映衬，成为很多地方布景的重要手法。

1.'绿萼'梅

花瓣内包含许多黄色丝状雄蕊。质轻，气香，味淡而涩。以花匀净、完整、含苞未放、萼绿花白、气味清香者为佳。

2.杏梅

花径大、花色亮且花期长，花期大多介于中花品种与晚花品种之间，若梅园植之，则可在中花与晚花品种间起衔接作用。杏梅生长强健，病虫害较少，特别是具有较强的抗寒性，能在北京等地安全过冬，是北方建立梅园的良好梅品。

3.'美人'梅

花呈紫红色、粉红色，繁密，先花后叶，花期春季，是重要的园林观花观叶树种。可孤植、片植或与绿色观叶植物相互搭配置于庭院或园路旁（图2-3-2）。

图2-3-2 "美人"梅

4.'丰后'梅

抗寒性强，喜光，在阳光充足的地方生长健壮，开花繁茂。抗旱性较强，喜空气湿度大，不耐水涝。不耐空气污染，对氟化物、二氧化硫和汽车尾气等比较敏感。

二、桃类

1.桃

落叶小乔木，花可以观赏，花单生，从淡至深粉红或红色，有时为白色，早春开花。在公园、居住区等种植较多。

2.'菊花'桃

因花形酷似菊花而得名，是观赏桃花中的珍贵品种。花单生，红色。花期4月，适应性强，在北方地区的公园、庭院等景点广为种植（图2-3-3）。

图2-3-3 '菊花'桃

3.'花碧'桃

花近于重瓣，同一树上有粉红与白色相间的花朵、花瓣或条纹。

4.碧桃

有红花绿叶碧桃、红花红叶碧桃、白红双色洒金碧桃等多个变种。碧桃花大色艳，开花时美丽漂亮，观赏期长。在园林绿化中广泛用于湖滨、溪流、道路两侧和公园，也用于庭院绿化点缀等，还可盆栽观赏。碧桃的园林绿化用途广泛，绿化效果突出，栽植当年即有特别好的效果表现。可列植、片植、孤植（图2-3-4）。

图2-3-4　碧桃

5. 垂枝桃

垂枝桃是桃花中枝姿最具韵味的一个类型，小枝拱形下垂，树冠犹如伞盖。花开时节，宛如花帘一泻而下，蔚为壮观。无论是孤植于庭院，还是群植，都有很好的观赏效果。可作园景树或行道树。

6.'紫叶'桃

枝干为紫色，花生于腋间。生长速度快、花色艳丽、绿化效果突出，每年3月先开花后长叶，花美且叶呈紫红色，具有极高的观赏价值。因其着花繁密，栽培简易，在园林绿化中使用非常广泛（图2-3-5）。

图2-3-5　'紫叶'桃

7. 寿星桃

节间短，花芽密集。4月起为盛花期，花期15天左右。有红色、白色、粉红色不同类型。可丛植于水边、林缘等处。

三、行道树

1. 七叶树

树干耸直，冠大荫浓，初夏繁花满树，硕大的白色花序又似一盏华丽的烛台，蔚然可观，是优良的行道树和园林观赏植物，可作人行道、公园、广场绿化树种，既可孤植也可群植，或与常绿树和阔叶树混植（图2-3-6）。

2. 悬铃木

悬铃木属植物的通称，包括一球悬铃木（美国梧桐）、二球悬铃木（英国梧桐）、三球悬铃木（法国梧桐）三种。悬铃木叶子宽大，掌状分裂，花淡黄绿色，果穗球形，可以作为行道树，木材可供建筑用。树形雄伟，枝叶茂密，是世界著名的优良庭荫树和行道树，有"行道树之王"之称（图2-3-7）。

3. 合欢

树形姿态优美，叶形雅致，盛夏绒花满树，有色有香，能形成轻柔舒畅的气氛，宜作庭荫树、行道树，种植于林缘、房前、草坪、山坡等地，是行道树、庭荫树、"四旁"绿化和庭园点缀的优良树种（图2-3-8）。

图2-3-6 七叶树

图2-3-7　悬铃木　　　　　　　图2-3-8　合欢

4. 栾树

春季嫩叶多为红叶，夏季黄花满树，入秋叶色变黄，果实紫红，形似灯笼，十分美丽；适应性强、季相明显，是理想的绿化、观叶树种。宜作庭荫树、行道树及园景树，也是工业污染区配置的好树种（图2-3-9）。

5. 毛白杨

深根性，耐旱力较强，黏土、壤土、砂壤土或低湿轻度盐碱土均能生长。在水肥条件充足的地方生长最快，20年生即可成材，是中国速生树种之一。毛白杨材质好，生长快，寿命长，较耐干旱和盐碱，树姿雄壮，冠形优美，常作行道树，也是华北地区速生用材造林树种。

图2-3-9 栾树

6. 榉树

生长较慢，材质优良，是珍贵的硬叶阔叶树种。树姿端庄，高大雄伟，秋叶变成褐红色，是观赏秋叶的优良树种。可孤植、丛植于公园和广场的草坪、建筑旁作庭荫树；与常绿树种混植作风景林；列植于人行道、公路旁作行道树，降噪防尘。

7. 杜仲

适应性很强，在幼年期生长较缓慢，速生期出现在7～20年，20年后生长速度又逐年降低，50年后，树高生长基本停止，植株自然枯萎。树干端直，枝叶茂密，树形整齐优美，可供药用，为优良的经济树种，可作庭荫树或行道树。

8. 国槐

枝叶茂密，绿荫如盖，适作庭荫树，在中国北方也多用作行道树。夏秋可观花，配

置于公园、建筑四周、居住区及草坪上，
也可作工矿区绿化之用。

9. 红花刺槐

刺槐的变种。花香迷人，花大色美，
很多蝶形花组成大型下垂的总状花序，花
开则犹如一串串蝴蝶连在一起迎风飘舞，
姿态优雅飘逸。红花刺槐多作为庭荫树、

图2-3-10　红花刺槐

行道树，还用于江河两岸绿化、植被恢复、固堤造坡等（图2-3-10）。

10. 臭椿

树干通直高大，枝叶繁茂，春季嫩叶紫红色，颇为美观，是良好的观赏树和行道树。
可孤植、丛植或与其他树种混栽，适宜于工厂、矿区等绿化（图2-3-11）。

图2-3-11　臭椿

11. 蒙椴

适宜在庭园孤植、散植或在园路旁成行种植。树叶美丽，树姿清幽，夏日浓荫铺地，
黄花满树，芳香，是很好的庭荫树、行道树，也是优良的蜜源树种（图2-3-12）。

图2-3-12 蒙椴

12. 梧桐

是一种优美的观赏植物，夏季开花，雌雄同株，花小，淡黄绿色，圆锥花序顶生，盛开时显得鲜艳而明亮。常点缀于庭院、宅前、山坡等处，也可作行道树。

13. 梓树

树体端正，冠幅开展，叶大荫浓，春夏满树白花，秋冬蒴果下垂是具有一定观赏价值的树种。梓树为速生树种，可作行道树、庭荫树以及工厂绿化树种。抗污染能力强，生长较快，可利用边角隙地栽培。

第四部分
地块D-04植物概况

　　地块D-04位于学校校园东南角，占地面积约3733m²。其内植物种类丰富，春季景观尤为绚丽夺目，与地块D-03共同构成"茂木鹂啭"景观（图2-4-1）。地块内植物配置见表2-4-1。

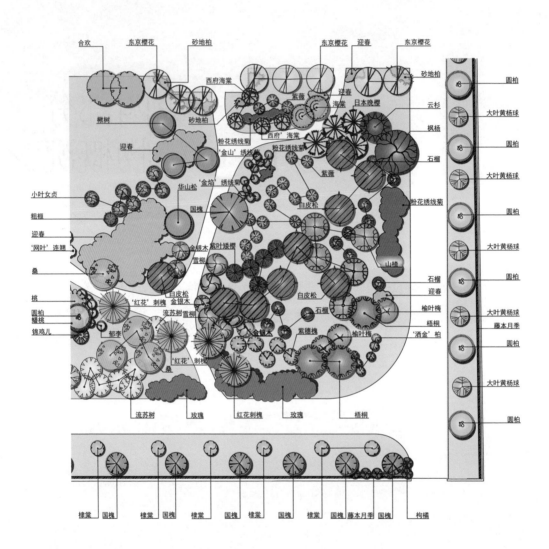

图2-4-1 "茂木鹂嗬" 平面图2（D-04）

表2-4-1　地块D-04植物明细表

序号	植物名称	科	属	拉丁名	所属地块
常绿乔木					
1	白皮松	松科	松属	*Pinus bungeana*	D1，D3，D4，D11
2	华山松	松科	松属	*Pinus armandii*	D4
3	云杉	松科	云杉属	*Picea asperata*	D4，D11
4	圆柏	柏科	圆柏属	*Sabina chinensis*	D1，D2，D3，D4，D5，D6，D7，D8，D9，D10，D11，D12，D13，D14
常绿灌木					
1	砂地柏	柏科	圆柏属	*Sabina vulgaris*	D1，D2，D3，D4，D5，D6，D8，D9，D11，D14
2	'洒金'柏	柏科	侧柏属	*Sabina chinensis* 'Aurea'	D4
3	粗榧	三尖杉科	三尖杉属	*Cephalotaxus sinensis*	D4，D9
4	大叶黄杨	卫矛科	卫矛属	*Euonymus japonicus*	D1，D4，D5，D6，D7，D9，D10，D12，D13
5	小叶女贞	木犀科	女贞属	*Ligustrum quihoui*	D4
落叶乔木					
1	海棠	蔷薇科	苹果属	*Malus spectabilis*	D4，D6
2	'西府'海棠	蔷薇科	苹果属	*Malus spectabilis* 'Riversii'	D3，D4，D14
3	桃	蔷薇科	桃属	*Amygdalus persica*	D3，D4，D5
4	蟠桃	蔷薇科	桃属	*Amygdalus persica* var. *compressa*	D4
5	山楂	蔷薇科	山楂属	*Crataegus pinnatifida*	D1，D4
6	日本晚樱	蔷薇科	樱属	*Cerasus serrulata*	D1，D4，D6
7	东京樱花	蔷薇科	樱属	*Cerasus* × *yedoensis*	D1，D4，D6
8	紫叶矮樱	蔷薇科	李属	*Prunus* × *cistena*	D3，D4，D6
9	楸树	紫葳科	梓树属	*Catalpa bungei*	D4，D9
10	流苏树	木犀科	流苏树属	*Chionanthus retusus*	D1，D3，D4，D8，D9

（续）

序号	植物名称	科	属	拉丁名	所在地块
落叶乔木					
11	合欢	豆科	合欢属	*Albizia julibrissin*	D3，D4
12	国槐	豆科	槐属	*Sophora japonica*	D1，D2，D3，D4
13	'红花'刺槐	豆科	刺槐属	*Robinia pseudoacacia* 'Decaisneana'	D4
14	桑	桑科	桑属	*Morus abla*	D4
15	枫杨	胡桃科	枫杨属	*Pterocarya stenoptera*	D4，D11
16	梧桐	梧桐科	梧桐属	*Firmiana simplex*	D1，D4
落叶灌木					
1	棣棠	蔷薇科	棣棠花属	*Kerria japonica*	D1，D3，D4，D9，D12，D14
2	玫瑰	蔷薇科	蔷薇属	*Rosa rugosa*	D4，D9
3	粉花绣线菊	蔷薇科	绣线菊属	*Spiraea japonica*	D4，D9，D14
4	'金焰'绣线菊	蔷薇科	绣线菊属	*Spiraea × bumalda* 'Gold Flame'	D4
5	'金山'绣线菊	蔷薇科	绣线菊属	*Spiraea × bumalda* 'Gold Mound'	D4
6	榆叶梅	蔷薇科	桃属	*Amygdalus triloba*	D1，D4
7	郁李	蔷薇科	樱属	*Cerasus japonica*	D3，D4
8	'美人'梅	蔷薇科	李属	*Prunus mume* 'Meiren'	D3，D9，D11
9	锦鸡儿	豆科	锦鸡儿属	*Caragana sinica*	D4
10	紫穗槐	豆科	紫穗槐属	*Amorpha fruticosa*	D4
11	紫薇	千屈菜科	紫薇属	*Lagerstroemia indica*	D3，D4，D5，D14
12	'网叶'连翘	木犀科	连翘属	*Forsythia suspensa* 'Goldvein'	D3，D4
13	迎春	木犀科	茉莉属	*Jasminum nudiflorum*	D1，D4，D5，D6，D9，D10，D11
14	雪柳	木犀科	雪柳属	*Fontanesia fortunei*	D4
15	石榴	石榴科	石榴属	*Punica granatum*	D4，D11
16	枸橘	芸香科	柑橘属	*Poncirus trifoliata*	D4，D5
17	金银木	忍冬科	忍冬属	*Lonicera maackii*	D1，D4，D5，D6
攀缘植物					
1	藤本月季	蔷薇科	蔷薇属	Morden cvs. of Chlimbers and Ramblers	D2，D3，D4，D5，D6，D10

一、绣线菊

1.'金焰'绣线菊

适宜种在花坛、花境、草坪、池畔等地，可丛植、孤植或列植，也可作绿篱。金焰绣线菊叶色有丰富的季相变化，橙红色新叶、黄色叶片和秋季红叶颇具感染力。花期长，花量多，是花叶俱佳的新优小灌木。可单株修剪成球形，或群植作色块，或作花镜、花坛植物（图2-4-2）。

2.'金山'绣线菊

植株矮小，小巧玲珑，株形丰满呈半圆形，好似一座小金山。盛花期为5月中旬至6月上旬，花期长，观花期5个月。3月上旬开始萌芽，新叶金黄，老叶黄色，夏季黄绿色。8月中旬开始叶色转金黄色10月中旬后，叶色带红晕，12月初开始落叶。适合作观花色叶地被，种在花坛、花境、草坪、池畔等地，宜与紫叶小檗、圆柏等配置成模纹，可以丛植、孤植、群植作色块或列植作绿篱，亦可作花境和花坛植物。若丛植于路边林缘、公园道旁、庭院及湖畔或假山石旁，可起到强化植物群落、丰富群体色彩的作用（图2-4-3）。

3.粉花绣线菊

生态适应性强，耐寒，耐旱，耐贫瘠，抗病虫害，广泛应用于各种绿地。花繁叶

图2-4-2 '金焰'绣线菊

图2-4-3 '金山'绣线菊

图2-4-4 粉花绣线菊

密，具有观赏价值，可作地被观花植物、庭院观赏、花篱、丛植、花境，布置草坪及小路角隅等处，或种植于门庭两侧（图2-4-4）。

4.三桠绣线菊

生长迅速，栽培容易，是东北、华北庭院常见的花灌木。可植于岩石园、山坡、小路两旁，亦可作基础种植，是北方地区初夏时节优良的观花灌木。可辅以景石、亭台水榭，创造优美的景观空间（图2-4-5）。

图2-4-5 三桠绣线菊

二、蔷薇属植物

1.树状月季

形状独特、高贵典雅、层次分明，在视觉效果上令人耳目一新，具有很高的观赏价值。在公园、风景区、小庭院等地方，都能起到画龙点睛的美化效果。

图2-4-6　藤本月季

2.藤本月季

管理粗放，耐修剪，花型丰富，四季开花不断，花色艳丽，花期持久，香气浓郁。花色有朱红、大红、鲜红、粉红、金黄、橙黄、洁白等色，二年生节间发芽，全身开花，花头众多，可形成花球、花柱、花墙、花海、拱门等景观（图2-4-6）。

3.蔷薇

花期长，色艳芬芳，具有蔓性，可附于墙，满展于架，攀篱而上，上引下垂，既可作为主景，也可以作背景。也可以用在园路两侧、坡地，易与山石结合。

4.玫瑰

花色艳香浓，是著名的观花香木。在北方园林应用较多，可植花篱、花境、花坛，也可丛植于草坪，点缀坡地，布置专类园。

三、樱花

1.日本晚樱

花大、重瓣、颜色鲜艳、气味芳香、花期长，盛开时繁花似锦，是重要的园林观花树种。宜丛植于庭院或建筑物前，也可作小路的行道树。适宜群植、列植等（图2-4-7）。

图2-4-7　日本晚樱

2. 东京樱花

为著名的早春观赏树种，花期早，先叶开放，着花繁密，花色粉红，在开花时满树灿烂，但是花期很短，仅保持7天左右就凋谢，适宜种植在山坡、庭院、建筑物前，也可孤植或群植于庭院，公园、草坪、湖边或居住区等处，远观似一片云霞，绚丽多彩；也可以列植或与其他花灌木合理配置于道路两旁，或片植作专类园（图2-4-8）。

图2-4-8 东京樱花

3. 紫叶矮樱

在整个生长季节，成熟叶紫红色，亮丽别致。4～5月淡粉色花遍缀叶间，非常美丽。栽植于草坪角隅、林缘、庭前或窗外孤植都别具特色，在曲径、游步道旁点缀也别有风趣。适用于自然式园林、风景林、庭院绿化，常见的栽植形式有孤植、丛植、群植、林植等（图2-4-9）。

图2-4-9 紫叶矮樱

第五部分
地块D-05植物概况

　　地块D-05位于行知楼以北，菊苑以南，秋实楼以东，占地3809㎡。主景观"丹叶夕照"由D-05、D-06两个地块共同构成，其内春季景观有碧桃、贴梗海棠、连翘和丁香，春夏之交有牡丹和芍药，夏季有木槿和月季，秋季有元宝枫、金银木和栾树，冬季有圆柏、砂地柏、金枝梾木和红瑞木，各季景观植物有机组合，四季皆有美景可赏，秋季景色令人尤为难忘（图2-5-1）。地块内植物配置见表2-5-1。

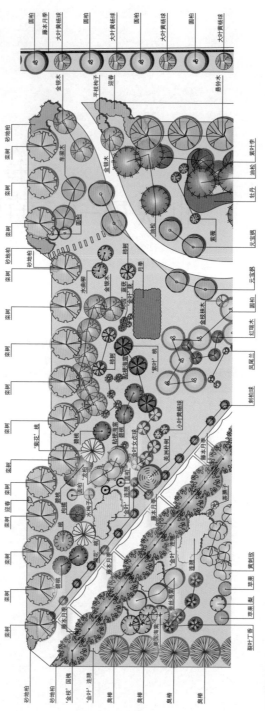

图2-5-1 "丹叶夕照"平面图1（D-05）

表2-5-1 "丹叶夕照"（D-05）植物明细表

序号	植物名称	科	属	拉丁名	所在地块
常绿乔木					
1	油松	松科	松属	*Pinus tabuliformis*	D1, D5, D6, D9, D11, D13, D16
2	圆柏	柏科	圆柏属	*Sabina chinensis*	D1, D2, D3, D4, D5, D6, D7, D8, D9, D10, D11, D12, D13, D14
3	'龙柏'	柏科	圆柏属	*Sabina chinensis* 'Kaizuca'	D5, D11
4	刺柏	柏科	刺柏属	*Juniperus formosana*	D5, D6
常绿灌木					
1	砂地柏	柏科	圆柏属	*Sabina vulgaris*	D1, D2, D3, D4, D5, D6, D8, D9, D11, D14
2	小叶黄杨	黄杨科	黄杨属	*Buxus microphylla*	D5, D6, D10, D13, D14
3	大叶黄杨	卫矛科	卫矛属	*Euonymus japonicus*	D1, D4, D5, D6, D7, D9, D10, D12, D13
4	凤尾兰	龙舌兰科	丝兰属	*Yucca gloriosa*	D5, D6, D9
落叶乔木					
1	苹果	蔷薇科	苹果属	*Malus pumila*	D1, D5, D6
2	垂丝海棠	蔷薇科	苹果属	*Malus halliana*	D5
3	'北美'海棠	蔷薇科	苹果属	*Malus micromalus* 'American'	D5
4	桃	蔷薇科	桃属	*Amygdalus persica*	D3, D4, D5
5	'紫叶'桃	蔷薇科	桃属	*Amygdalus persica* 'Atropurpurea'	D1, D3, D5
6	碧桃	蔷薇科	桃属	*Amygdalus persica* f. *duplex*	D3, D5
7	'菊花'桃	蔷薇科	桃属	*Amygdalus persica* 'Stellata'	D3, D5
8	紫叶李	蔷薇科	李属	*Prunus cerasifera* f. *atopurpurea*	D1, D3, D5, D6
9	水曲柳	木犀科	白蜡树属	*Fraxinus mandshurica*	D5
10	'金枝'国槐	豆科	槐属	*Sophora japonica* 'Golden Stem'	D5, D6
11	臭椿	苦木科	臭椿属	*Ailanthus altissima*	D5, D6
12	元宝枫	槭树科	槭树属	*Acer truncatum*	D5, D16

（续）

序号	植物名称	科	属	拉丁名	所在地块
落叶乔木					
13	美洲朴树	榆科	朴树属	*Celtis occidentalis*	D5
14	悬铃木	悬铃木科	悬铃木属	*Platanus × acerifolia*	D1、D3、D5、D6
15	柿树	柿树科	柿树属	*Diospyros kaki*	D5
16	栾树	无患子科	栾树属	*Koelreuteria paniculata*	D1、D5、D8、D9、D10、D11、D12、D14
17	车梁木	山茱萸科	梾木属	*Cornus walteri*	D5
落叶灌木					
1	黄刺玫	蔷薇科	蔷薇属	*Rosa xanthina*	D1、D5、D6、D7、D9、D12、D13
2	月季	蔷薇科	蔷薇属	*Rosa chinensis*	D1、D5
3	平枝栒子	蔷薇科	栒子属	*Cotoneaster horizontalis*	D1、D2、D3、D5、D6、D9
4	水栒子	蔷薇科	栒子属	*Cotoneaster multiflorus*	D1、D5
5	贴梗海棠	蔷薇科	木瓜属	*Chaenomeles speciosa*	D5
6	牡丹	芍药科	芍药属	*Paeonia suffruticosa*	D5、D6
7	紫薇	千屈菜科	紫薇属	*Lagerstroemia indica*	D3、D4、D5、D14
8	裂叶丁香	木犀科	丁香属	*Syringa laciniata*	D5、D9
9	连翘	木犀科	连翘属	*Forsythia suspensa*	D1、D3、D5
10	'金叶'连翘	木犀科	连翘属	*Forsythia suspensa* 'Aurra'	D5
11	金叶女贞	木犀科	女贞属	*Ligustrum vulgare × vicaryi*	D5、D8
12	迎春	木犀科	茉莉属	*Jasminum nudiflorum*	D1、D4、D5、D6、D9、D10、D11
13	'金叶'莸	马鞭草科	莸属	*Caryopteris × clandonensis* 'Worcester Gold'	D5
14	'邱园'蓝莸	马鞭草科	莸属	*Caryopteris clandonensis* 'Kew Blue'	D5
15	枸橘	芸香科	柑橘属	*Poncirus trifoliata*	D4、D5
16	红瑞木	山茱萸科	梾木属	*Cornus alba*	D5、D6、D14
17	金枝梾木	山茱萸科	梾木属	*Comus stolonifera* var.*glaviamea*	D5、D6、D9
18	金银木	忍冬科	忍冬属	*Lonicera maackii*	D1、D4、D5、D6
19	茶藨子	茶藨子科	茶藨子属	*Ribes nigrum*	D5
攀缘植物					
1	藤本月季	蔷薇科	蔷薇属	Morden cvs. of Chlimbers and Ramblers	D2、D3、D4、D5、D6、D10

一、黄色观叶、观干植物

1.'金枝'国槐

幼芽及嫩叶淡黄色，其枝干为金黄色，因此得名，是优良的绿化美化树种。可孤植、丛植、列植，或与建筑配置或点缀于假山石旁，或植于水景周围，还可作为防护林带种植。

2.金叶女贞

在生长季节叶色呈鲜丽的金黄色，可与红叶的紫叶小檗、绿叶的'龙柏'、黄杨等组成灌木状色块，形成强烈的色彩对比，具极佳的观赏效果，也可修剪成球形。由于其叶色为金黄色，所以大量应用在园林绿化中，主要用来组成图案和营造绿篱。

3.'金叶'菰

从展叶初期到落叶终期，从基部到穗部，叶片始终金黄色。秋天蓝花一片，可作为观叶、观花植物。在园林绿化中适宜片植，作为色带、色篱、地被，也可修剪成球，观赏价值高。

4.金枝梾木

其独特的枝条具有观赏性，冬季落叶后黄色枝条在常绿树或雪景衬托下色彩美丽，相映成趣，也可与红瑞木搭配种植，红黄交错。宜孤植、丛植，植于庭院、林缘、草坪等（图2-5-2）。

5.金叶连翘

集花、叶的金黄色于一体，早春先花后叶，是优良的早春彩叶灌木。宜丛

图2-5-2 金枝梾木

植于草坪中，形成色块，也可进行绿篱栽植，适于与其他绿色植物搭配，可广泛用于城乡街路、庭院绿化。

二、黄色系观花的植物

除了前面所述的栾树外，还有以下几种主要的观黄色系植物。

1. 连翘

树姿优美、生长旺盛，早春先花后叶，花期长、花量多，花开香气淡艳，满枝金黄，是早春优良观花灌木。可以做成花篱、花丛、花坛等，在绿化美化城市方面应用广泛，是现代园林难得的优良树种（图2-5-3）。

图2-5-3 连翘

2. 迎春

枝条披垂，冬末至早春先花后叶，花色金黄，叶丛翠绿。在园林绿化中宜配置在湖边、溪畔、桥头、墙隅，在草坪、林缘、坡地、房屋周围也可栽植，可供早春观花。迎春的绿化效果突出，在各地都有广泛应用。栽植当年即有良好的绿化效果。

3. 黄刺玫

花色金黄，花期较长，是北方地区主要的早春花灌木，多在草坪、林缘、路边丛植，

图2-5-4 黄刺玫

可筑花台种植，几年后即形成大丛，开花时金黄一片，光彩耀人，甚为壮观。亦可在高速公路及车行道旁，作花篱及基础种植。还可作水土保持及园林绿化树种（图2-5-4）。

4. 黄玉兰

枝干挺拔，叶片青翠，其诱人之处还在于浓郁的花香。将其种植于庭院中、街道旁，每逢花开时节，能够给环境中带来阵阵浓郁的香气。还可于厂矿中孤植、散植，或于道路两侧作行道树，也有作桩景盆栽（图2-5-5）。

图2-5-5 黄玉兰

5. 茶藨子

性喜阴凉而略有阳光之处，常见生长于林缘或阳光尚可之林下。春天观黄花，秋天观红色果实，果实可食用。适合栽植于岩石园阳坡，可与山石配合，也经常在庭园中栽培供观赏（图2-5-6）。

图2-5-6 茶藨子

图2-5-7　棣棠

6.棣棠

枝叶翠绿细柔，金花满树，别具风姿，可栽在墙隅及管道旁，有遮蔽之效。宜作花篱、花境，群植于常绿树丛之前、古木之旁、山石缝隙之中，或于池畔、水边、溪流及湖沼沿岸成片栽种；若配置于疏林草地或山坡林下，则尤为雅致，野趣盎然，还可盆栽观赏（图2-5-7）。

三、冬天观叶、观枝干的植物

除了前文所述的棣棠、金枝梾木外，学校还有以下冬季观枝干的植物。

1.凤尾兰

常年浓绿，花、叶皆美，形态奇特，数株成丛，高低不一，叶形如剑，开花时花茎高耸挺立，花色洁白，繁多的白花下垂如铃，姿态优美，花期持久，幽香宜人，是良好的庭园观赏树木。常植于花坛中央、建筑前、草坪中、池畔、台坡、建筑物、路旁及作绿篱等（图2-5-8）。

图2-5-8　凤尾兰

2.红瑞木

园林中多丛植草坪上或与常绿乔木相间种植，得红绿相映之效果。院观赏、丛植。红瑞木秋叶鲜红，小果洁白，落叶后枝干红艳如珊瑚，是少有的观枝植物，也是良好的切枝材料（图2-5-9）。

图2-5-9 红瑞木

3.枸橘

枝条绿色而多刺，花单瓣白色，秋季黄果累累，可观花观果观叶。在园林中多栽作绿篱或者作屏障树，耐修剪，可整形为各式篱垣及洞门形状，既有分隔园地的功能又有观花赏果的效果，是良好的观赏树木（图2-5-10）。

图2-5-10　枸橘

第六部分
地块D-06植物概况

　　地块D-06位于学校行知楼东侧和北侧，占地面积约4577m²。其内植物种类丰富，秋季景观突出。它与D-05共同构成"丹叶夕照"景观（图2-6-1）。地块内植物配置见表2-6-1。

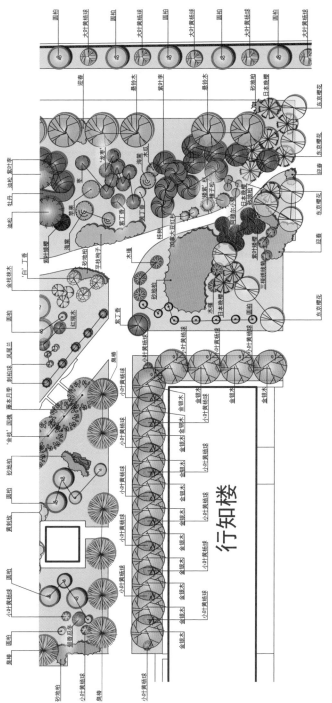

图2-6-1 "丹叶夕照" 平面图2 (D-06)

表2-6-1 "丹叶夕照"地块D-06植物明细表

序号	植物名称	科	属	拉丁名	所属地块
常绿乔木					
1	油松	松科	松属	*Pinus tabuliformis*	D1，D5，D6，D9，D11，D13，D16
2	樟子松	松科	松属	*Pinus sylvestris* var. *mongholica*	D6
3	加拿大红豆杉	红豆杉科	红豆杉属	*Taxus brevifolia*	D6
4	圆柏	柏科	圆柏属	*Sabinu chinensis*	D1，D2，D3，D4，D5，D6，D7，D8，D9，D10，D11，D12，D13，D14
5	刺柏	柏科	刺柏属	*Juniperus formosana*	D5，D6
常绿灌木					
1	砂地柏	柏科	圆柏属	*Sabina vulgaris*	D1，D2，D3，D4，D5，D6，D8，D9，D11，D14
2	'矮紫'杉	红豆杉科	红豆杉属	*Taxus cuspidata* 'Nana'	D2，D6
3	小叶黄杨	黄杨科	黄杨属	*Buxus microphylla*	D5，D6，D10，D13，D14
4	大叶黄杨	卫矛科	卫矛属	*Euonymus japonicus*	D1，D4，D5，D6，D7，D9，D10，D12，D13
5	凤尾兰	龙舌兰科	丝兰属	*Yucca gloriosa*	D6，D9，D5
落叶乔木					
1	苹果	蔷薇科	苹果属	*Malus pumila*	D1，D5，D6
2	海棠	蔷薇科	苹果属	*Malus spectabilis*	D4，D6
3	紫叶李	蔷薇科	李属	*Prunus cerasifera* f. *atropurpurea*	D1，D3，D5，D6
4	木瓜	蔷薇科	木瓜属	*Chaenomeles sinensis*	D6
5	日本晚樱	蔷薇科	樱属	*Cerasus serrulata*	D1，D4，D6
6	东京樱花	蔷薇科	樱属	*Cerasus × yedoensis*	D1，D4，D6
7	紫叶矮樱	蔷薇科	李属	*Prunus × cistena*	D3，D4，D6
8	梓树	紫葳科	梓树属	*Catalpa ovata*	D6，D9

序号	植物名称	科	属	拉丁名	所在地块
落叶乔木					
9	'金枝' 国槐	豆科	槐属	*Sophora japonica* 'Golden Stem'	D5，D6
10	臭椿	苦木科	臭椿属	*Ailanthus altissima*	D5，D6
11	悬铃木	悬铃木科	悬铃木属	*Platanus × acerifolia*	D1，D3，D5，D6
12	枣	鼠李科	枣属	*Ziziphus jujuba*	D6
13	'龙枣'	鼠李科	枣属	*Ziziphus jujuba* 'Tortuosa'	D6
落叶灌木					
1	黄刺玫	蔷薇科	蔷薇属	*Rosa xanthina*	D1，D5，D6，D7，D9，D12，D13
2	三桠绣线菊	蔷薇科	绣线菊属	*Spiraea trilobata*	D6，D14
3	平枝栒子	蔷薇科	栒子属	*Cotoneaster horizontalis*	D1，D2，D3，D5，D6，D9
4	牡丹	芍药科	芍药属	*Paeonia suffruticosa*	D5，D6
5	紫丁香	木犀科	丁香属	*Syringa oblata*	D6，D9，D12，D13，D14
6	'白' 丁香	木犀科	丁香属	*Syringa oblata* 'Alba'	D6，D9，D11，D13，D14
7	黄丁香	木犀科	丁香属	*Syringa pekinensis* var. *jinyuan*	D6
8	紫叶小檗	小檗科	小檗属	*Berberis thunbergii* var. *atropurpurea*	D6
9	迎春	木犀科	茉莉属	*Jasminum nudiflorum*	D1，D4，D5，D6，D9，D10，D11
10	木槿	锦葵科	木槿属	*Hibiscus syriacus*	D6
11	红瑞木	山茱萸科	梾木属	*Cornus alba*	D5，D6，D14
12	金枝梾木	山茱萸科	梾木属	*Comus stolonifera* var. *glaviamea*	D5，D6，D9
13	郁香忍冬	忍冬科	忍冬属	*Lonicera fragrantissima*	D1，D6
14	金银木	忍冬科	忍冬属	*Lonicera maackii*	D1，D4，D5，D6
15	阿穆尔小檗	小檗科	小檗属	*Berberis amurensis*	D6
攀缘植物					
1	藤本月季	蔷薇科	蔷薇属	Morden cvs. of Chlimbers and Ramblers	D2，D3，D4，D5，D6，D10

一、丁香

1. 黄丁香

树形丰满、高大挺拔，花絮大，开花时满树金黄，花期长，且具有芳香，在丁香家族中独树一帜，园林应用前景广阔。常植于路边、水边和坡地。

2.‘白’丁香

具有独特的芳香、硕大繁茂的花序、优雅柔和的花色、丰满秀丽的姿态，可丛植于路边、草坪或向阳坡地，或与其他花木搭配栽植在林缘，也可在庭前、窗外孤植，或将各种丁香穿插配置，布置成丁香专类园（图2-6-2）。

图2-6-2 ‘白’丁香

图2-6-3 紫丁香

3. 紫丁香

春季盛开时，硕大而艳丽的花序布满全株，芳香四溢，观赏效果甚佳。广泛栽植于庭院、厂矿、居住区等地，常丛植于建筑前、茶室凉亭周围，散植于园路两旁、草坪之中；与其他种类丁香配置成专类园，形成美丽的景色（图2-6-3）。

4. 裂叶丁香

花淡紫色，有香气；圆锥花序侧生，花期4～5月，花多而美丽。宜植于庭院观赏，亦可丛植于草坪、水边，列植于门庭、墙边、甬道等，也可与山石、坡地配合（图2-6-4）。

图2-6-4　裂叶丁香

二、观果植物

1. 水枸子

枝条婀娜，在夏季开放密集的白色小花，秋季结成累累红果，是优美的观花、观果树种，可作为观赏灌木或绿篱，丛植于草坪边缘、园路转角、坡地观赏（图2-6-5）。

图2-6-5　水枸子

2. 金银木

枝条繁茂、叶色深绿、果实鲜红，观赏效果颇佳。花果并美，具有较高的观赏价值。春末夏初层层开花，金银相映，远望整个植株如同一个美丽的大花球。花朵清雅芳香，是优良的蜜源树种。在园林中，常将金银木丛植于草坪、山坡、林缘、路边或点缀于建筑周围（图2-6-6）。

图2-6-6 金银木

3. 郁李

郁李是园林中重要的观花、观果树种。浅粉色的花蕾，繁密如云的花朵，深红色的果实，都非常美丽可爱，宜丛植于草坪、山石旁、林缘、建筑物前；或点缀于庭院路边，或与棣棠、迎春等其他花木配置，也可作花篱栽植（图2-6-7）。

图2-6-7 郁李

4. 海棠

海棠树姿优美，春花烂漫，入秋后金果满树，芳香袭人。宜孤植于庭院前后，对植于门厅入口处，丛植于草坪角隅，或与其他花木相配置；也可植于人行道两侧、亭台周围、丛林边缘、水滨池畔等（图2-6-8）。

5. 海州常山

花序大，花果美丽，一株树上

图2-6-8 海棠

花果共存，白、红、蓝色泽亮丽，花果期长，植株繁茂，为良好的观赏花木。丛植、孤植均宜，是布置园林景观的良好材料。

6. 山茱萸

花期3～4月，果期9～10月，先开花后萌叶，秋季红果累累，绯红欲滴，艳丽悦目，为秋冬季观果佳品。可在庭院、花坛内单植或片植，效果极佳（图2-6-9）。

7. 紫叶李

叶常年紫红色，小花粉中透白，在紫色的叶子衬托下，很是好看。孤植群植皆宜，能衬托背景。紫叶李也是常用的庭院观赏树种，适应性强，也经常用在道路绿化中（图2-6-10）。

8. 紫珠

株形秀丽，花色绚丽，果实色彩鲜艳，珠圆玉润，犹如一颗颗紫色的珍珠，是一种既可观花又能赏果的优良树种。常用于园林绿化或庭院栽种，也可盆栽观赏。

9. 紫叶小檗

紫叶小檗是花、果、叶俱佳的观赏花木。分枝密，姿态圆整，春开黄花，秋结红果，深秋叶色紫红，果实经冬不落。适于园林中孤植、丛植或栽作绿篱。

图2-6-9　山茱萸　　　　　　　图2-6-10　紫叶李

10. 白雪果

叶片深绿色，花淡粉色，成串，花期夏季；白色果实卵圆形，经冬不落，是秋、冬季观果的优良园林树种。可在林缘处布置，也常与山石配合。

11. '红雪'果

夏天开淡粉色花，观果期从10月到深冬，尤其在下雪天，更显得果实晶莹剔透。在园林中可用于基础种植和护坡，还可作插果的花材。

12. 平枝栒子

枝叶横展，叶小而稠密，花密集枝头，晚秋时红色叶，红果累累，是布置岩石园、庭院和墙沿、溪水畔、角隅的优良材料，还可作地被和制作盆景（图2-6-11）。

图2-6-11 平枝栒子

第七部分
地块D-07、D-08植物概况

　　地块D-07（图2-7-1）景观由春华楼东侧秋实广场、南侧花坛、西侧绿化带共同构成，占地约3351㎡；地块D-08（图2-7-2）景观由秋实楼前花坛和部分秋实广场及北侧绿化带构成，占地约3587㎡。主要观赏区域为秋实广场，广场内银杏列阵栽植，整齐严肃。秋季一片金黄，特别震撼。地块内植物配置见表2-7-1。

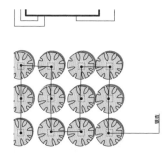

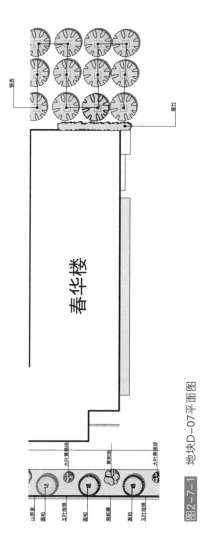

图2-7-1 地块D-07平面图

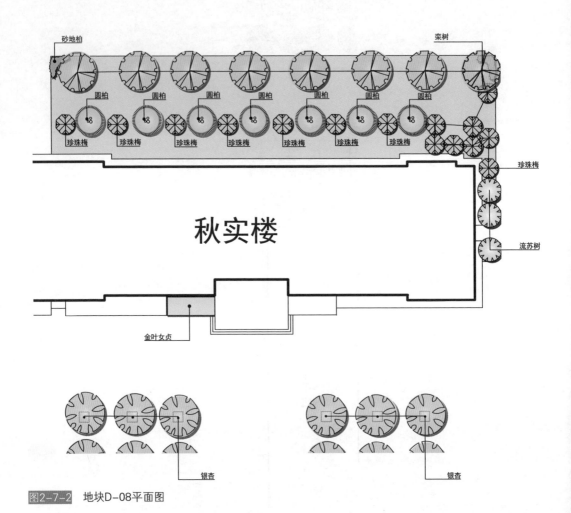

图2-7-2 地块D-08平面图

表2-7-1　地块D-07、D-08植物明细表

序号	植物名称	科	属	拉丁名	所属地块
常绿乔木					
1	圆柏	柏科	圆柏属	*Sabina chinensis*	D1, D2, D3, D4, D5, D6, D7, D8, D9, D10, D11, D12, D13, D14
常绿灌木					
1	砂地柏	柏科	圆柏属	*Sabina vulgaris*	D1, D2, D3, D4, D5, D6, D8, D9, D11, D14
2	大叶黄杨	卫矛科	卫矛属	*Euonymus japonicus*	D1, D4, D5, D6, D7, D9, D10, D12, D13
落叶乔木					
1	流苏树	木犀科	流苏树属	*Chionanthus retusus*	D1, D3, D4, D8, D9
2	栾树	无患子科	栾树属	*Koelreuteria paniculata*	D1, D5, D8, D9, D10, D11, D12, D14
3	银杏	银杏科	银杏属	*Ginkgo biloba*	D1, D3, D7, D8, D16
落叶灌木					
1	黄刺玫	蔷薇科	蔷薇属	*Rosa xanthina*	D1, D5, D6, D7, D9, D12, D13
2	金叶女贞	木犀科	女贞属	*Ligustrum vulgare × vicaryi*	D5, D8
攀缘植物					
1	五叶地锦	葡萄科	爬山虎属	*Parthenocissus quinquefolia*	D1, D7, D9, D14, D15
2	山荞麦	蓼科	蓼属	*Polygonum aubertii*	D1, D7, D9
3	南蛇藤	卫矛科	南蛇藤属	*Celastrus orbiculatus*	D1, D7, D9, D11, D14
竹类					
1	箬竹	禾本科	箬竹属	*Indocalamus tessellatus*	D7

孑遗植物

也称活化石植物，是指起源久远，在新生代第三纪或更早有广泛的分布，而大部分已经因为地质、气候的变化而灭绝，只存在于很小的范围内，这些植物的形状和在化石中发现的植物基本相同，保留了其远古祖先的原始形状。其近缘类群多已灭绝，因此比较孤立，进化缓慢。

1. 银杏

生长较慢，寿命极长，自然条件下从栽种到结果要20多年，40年后才能大量结果，因此别名"公孙树"，有"公种而孙得食"的含义，是树中的老寿星，古称"白果"。银杏是现存种子植物中最古老的孑遗植物，生命力强，叶形奇特，易于嫁接繁殖和整形修剪，是制作盆景的优质材料，具有很高的观赏价值

图2-7-3　银杏

和经济价值。树姿雄伟壮丽，叶形秀美，病虫害少，最适宜作庭荫树、行道树或独赏树，具有良好的观赏价值。夏天一片葱绿，秋天金黄可掬，给人以俊俏雄奇、华贵典雅之感，是庭院、行道、园林绿化的重要树种（图2-7-3）。

2. 水杉

树姿优美，是"活化石"树种，也是秋叶观赏树种。在园林中适于列植、丛植、片植，可用于堤岸、湖滨、池畔、庭院等绿化，也可成片栽植营造风景林，还可栽于建筑物前或用作行道树。

3. 猬实

花密色艳，花冠钟形，白色至粉红色，开花期正值初夏百花凋谢之时，夏秋全树挂

图2-7-4　猬实

满形如刺猬的小果，棕色，甚为别致，宿存至冬季。在园林中可于草坪、角隅、山石旁、园路交叉口、亭廊附近列植或丛植（图2-7-4）。

4.粗榧

粗榧在北京属于边缘树种，露地过冬需要小气候保护。通常多宜与其他树种配置，作基础种植，或在草坪边缘，植于大乔木之下，也可与山石结合，种植在南坡。

图2-7-5 鹅掌楸

5. 红豆杉

枝叶浓郁，树形优美，种子成熟时果实满枝惹人喜爱。适合在庭园一角孤植点缀，亦可在建筑背阴面的门庭或路口对植，山坡、草坪边缘、池边、片林边缘丛植。宜在风景区作中、下层树种与各种针阔叶树种配置。

6. 鹅掌楸

花淡黄绿色，美而不艳，秋季叶色金黄，是珍贵的行道树和庭园观赏树种，栽种后能很快成荫，与悬铃木、椴树、银杏、七叶树并称世界五大行道树种。宜植于安静休息区的草坪上，可孤植或群植（图2-7-5）。

第八部分
地块D-09、D-10植物概况

　　地块D-09（图2-8-1）位于春华楼北侧，秋实楼西侧，梅园（食堂）南侧，占地约 3777m²。此地块主要为学校精工细作的"石山幽径"景观，其内石料递层而起，相互咬合，咫尺之间营造了山峰、山洞、崖壁、山泉等多种假山景观，是学校开展假山课程的重要实训场所。地块D-10（图2-8-2）位于菊苑和操场南侧，区域内有园林技术专业实训场，占地约3777m²；中心位置植有几株蜡梅，是师生们冬季流连的打卡地。地块内植物配置见表2-8-1。

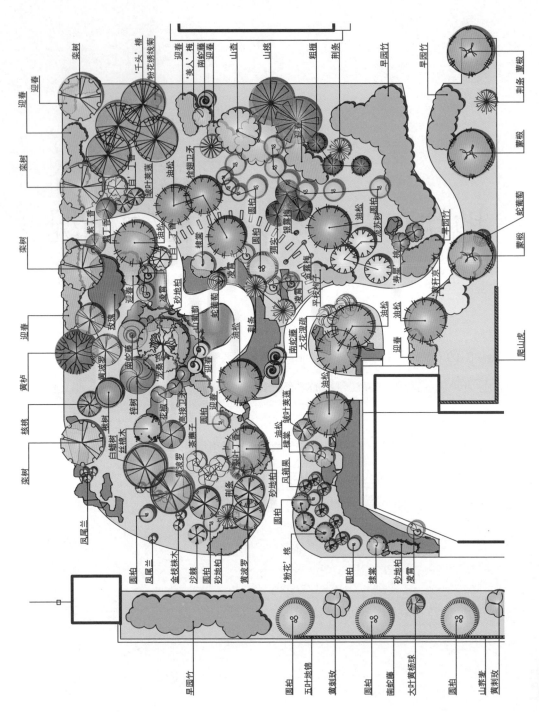

图2-8-1 "石山幽径" 平面图（D-09）

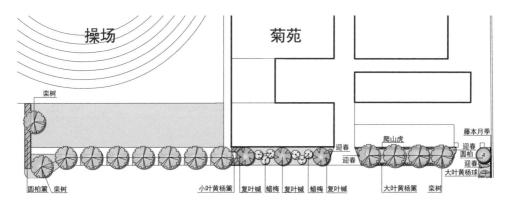

图2-8-2 "菊苑"南侧绿地平面图（D-10）

表2-8-1 地块D-09、D-10植物明细表

序号	植物名称	科	属	拉丁名	所属地块
常绿乔木					
1	油松	松科	松属	*Pinus tabuliformis*	D1, D5, D6, D9, D11, D13, D16
2	圆柏	柏科	圆柏属	*Sabina chinensis*	D1, D2, D3, D4, D5, D6, D7, D8, D9, D10, D11, D12, D13, D14
常绿灌木					
1	砂地柏	柏科	圆柏属	*Sabina vulgaris*	D1, D2, D3, D4, D5, D6, D8, D9, D11, D14
2	粗榧	三尖杉科	三尖杉属	*Cephalotaxus sinensis*	D4, D9
3	小叶黄杨	黄杨科	黄杨属	*Buxus microphylla*	D5, D6, D10, D13, D14
4	大叶黄杨	卫矛科	卫矛属	*Euonymus japonicus*	D1, D4, D5, D6, D7, D9, D10, D12, D13
5	凤尾兰	龙舌兰科	丝兰属	*Yucca gloriosa*	D6, D9, D5
6	皱叶荚蒾	忍冬科	荚蒾属	*Viburnum rhytidophyllum*	D9
落叶乔木					
1	'寿星'桃	蔷薇科	桃属	*Amygdalus persica* 'Densa'	D9
2	'粉花'桃	蔷薇科	桃属	*Amygdalus persica* 'Rosea'	D3, D9
3	山杏	蔷薇科	杏属	*Armeniaca sibirica*	D1, D9, D11, D13

（续）

序号	植物名称	科	属	拉丁名	所属地块
落叶乔木					
4	楸树	紫葳科	梓树属	*Catalpa bungei*	D4, D9
5	梓树	紫葳科	梓树属	*Catalpa ovata*	D6, D9
6	白蜡树	木犀科	白蜡树属	*Fraxinus chinensis*	D9, D13, D14, D15, D16
7	流苏树	木犀科	流苏树属	*Chionanthus retusus*	D1, D3, D4, D8, D9
8	黄波罗	芸香科	黄檗属	*Phellodendron amurense*	D9
9	黄栌	漆树科	黄栌属	*Cotinus coggygria* var. *cinerea*	D9
10	'千头'椿	苦木科	臭椿属	*Ailanthus altissima* 'Qiantou'	D9
11	复叶槭	槭树科	槭树属	*Acer negundo*	D10
12	'龙桑'	桑科	桑属	*Morus alba* 'Tortuosa'	D9
13	核桃	胡桃科	胡桃属	*Juglans regia*	D1, D9
14	栾树	无患子科	栾树属	*Koelreuteria paniculata*	D1, D5, D8, D9, D10, D11, D12, D14
15	丝棉木	卫矛科	卫矛属	*Euonyumus maackii*	D1, D9
16	蒙椴	椴树科	椴树属	*Tilia mongolica*	D9, D14
17	沙棘	胡颓子科	沙棘属	*Hippophae rhamnoides*	D9
落叶灌木					
1	棣棠	蔷薇科	棣棠花属	*Kerria japonica*	D1, D3, D4, D9, D12, D14
2	黄刺玫	蔷薇科	蔷薇属	*Rosa xanthina*	D1, D5, D6, D7, D9, D12, D13
3	玫瑰	蔷薇科	蔷薇属	*Rosa rugosa*	D4, D9
4	粉花绣线菊	蔷薇科	绣线菊属	*Spiraea japonica*	D4, D9, D14
5	'美人'梅	蔷薇科	李属	*Prunus mume* 'Meiren'	D3, D9, D11
6	平枝栒子	蔷薇科	栒子属	*Cotoneaster horizontalis*	D1, D2, D3, D5, D6, D9
7	风箱果	蔷薇科	风箱果属	*Physocarpus amurensis*	D9
8	银露梅	蔷薇科	委陵菜属	*Potentilla glabra*	D9
9	金露梅	蔷薇科	委陵菜属	*Potentilla fruticosa*	D9
10	紫丁香	木犀科	丁香属	*Syringa oblata*	D6, D9, D12, D13, D14
11	'白'丁香	木犀科	丁香属	*Syringa oblata* 'Alba'	D6, D9, D11, D13, D14
12	裂叶丁香	木犀科	丁香属	*Syringa laciniata*	D5, D9

序号	植物名称	科	属	拉丁名	所属地块
落叶灌木					
13	迎春	木犀科	茉莉属	*Jasminum nudiflorum*	D1, D4, D5, D6, D9, D10, D11
14	栓翅卫矛	卫矛科	卫矛属	*Euonymus phellomanes*	D9
15	荆条	马鞭草科	牡荆属	*Vitex negundo* var. *heterophylla*	D9
16	花椒	芸香科	花椒属	*Zanthoxylum bungeanum*	D9
17	金枝梾木	山茱萸科	梾木属	*Comus stolonifera* var. *glaviamea*	D5, D6, D9
18	大花溲疏	虎耳草科	溲疏属	*Deutzia grandiflora*	D9
19	猬实	忍冬科	猬实属	*Kolkwitzia amabilis*	D3, D9
20	蜡梅	蜡梅科	蜡梅属	*Chimonanthus praecox*	D10
攀缘植物					
1	蛇葡萄	葡萄科	蛇葡萄属	*Ampelopsis sinica*	D9, D11
2	山葡萄	葡萄科	葡萄属	*Vitis amurensis*	D9, D11
3	爬山虎	葡萄科	爬山虎属	*Parthenocissus tricuspidata*	D9, D10
4	五叶地锦	葡萄科	爬山虎属	*Parthenocissus quinquefolia*	D1, D7, D9, D14, D15
5	凌霄	紫葳科	凌霄花属	*Campsis grandiflora*	D9, D11, D14
6	山荞麦	蓼科	蓼属	*Polygonum aubertii*	D1, D7, D9
7	金银花	忍冬科	忍冬属	*Lonicera japonica*	D11
8	南蛇藤	卫矛科	南蛇藤属	*Celastrus orbiculatus*	D1, D7, D9, D11, D14
9	葎叶蛇葡萄	葡萄科	蛇葡萄属	*Ampelopsis humulifolia*	D9, D10
10	藤本月季	蔷薇科	蔷薇属	Morden cvs. of Chlimbers and Ramblers	D2, D3, D4, D5, D6, D10
竹类					
1	早园竹	禾本科	刚竹属	*Phyllostachys propinqua*	D9, D11, D14
2	'黄秆京'竹	禾本科	刚竹属	*Phyllostachys aureosulcata* 'Aureocaulis'	D9

适合岩石园的植物

1. 枸杞

树形婀娜，叶翠绿，花淡紫，果实鲜红，是很好的盆景观赏植物。可丛植于池畔、台坡，作河岸护坡或绿篱栽植，也可作树桩盆栽。

2. 金露梅

植株紧密，花色艳丽，花期长，为良好的观花树种，可配置于高山园或岩石园，也可栽作绿篱。

3. 银露梅

花朵白色，花果期6~11月。生山坡草地、河谷岩石缝中、灌丛及林中，在园林中通常用在岩石园中。

4. 大花溲疏

花朵洁白素雅，开花量大，是优良的园林观赏树种，也是适合华北地区栽植的优良乡土树种。可植于草坪、路边、山坡及林缘，也可作花篱或岩石园的种植材料。花枝可瓶插观赏，果可入药（图2-8-3）。

图2-8-3　大花溲疏

5. 皱叶荚蒾

树姿优美，叶色浓绿，秋季果实累累，冬季叶片宿存，是华北地区少见的常绿阔叶观赏灌木。适于孤植或丛植于居住区、路边、草坪上等采光较好的地方（图2-8-4）。

图2-8-4 皱叶荚蒾

6. 荆条

耐贫瘠，花淡紫色，花香袭人，常生于山地阳坡上，形成灌丛，颇具野趣，十分适合坡地和岩石园使用。对荒地护坡和防风固沙均有一定的作用（图2-8-5）。

图2-8-5 荆条

7. 花椒

叶片油亮，具有光泽，金秋红果美丽，是重要的香料树种。可以用在庭院、岩石园中，丛植于林缘。耐修剪，可以作绿篱。

8. 葎叶蛇葡萄

可生长于岩石缝中、山沟地边、灌丛林缘或林中。果实蓝紫色，绿化效果好。

9. 山葡萄

叶大，粗糙，可攀缘于其他树木、墙头、栅栏、山石等处，具有野趣，秋季叶红色，果实黑紫色，常用于岩石园布置。

10. 栓翅卫矛

小枝从上到下生长着2～4条褐色的薄膜，质地轻软，如同平常所使用的软木塞一般，是木栓质的，仿佛枝条四周长上了翅膀，因此称为栓翅卫矛。栓翅卫矛生于林缘及河岸灌丛中，一般丛植于山腰、石间，秋叶红色。果橘红色，果期9～10月。

第九部分
地块D-11、D-12植物概况

    地块D-11位于秋实楼北侧，篮球场之南，梅园东侧，占地约4020m²（图2-9-1）。该区域为学校重要景观之一——芦影荡漾，其内假山、叠泉、溪流、水池有机构成一体，乔木、花灌木、宿根植物、水生植物穿插其内，景色四季变换，美轮美奂。地块D-12植物景观主要由梅园南侧的栾树阵和西侧黄刺玫、圆柏构成的绿化带组成。秋季栾树叶在黄色与橙色之间变化，耀眼夺目。该区域占地约3309m²（图2-9-2）。地块内植物配置见表2-9-1。

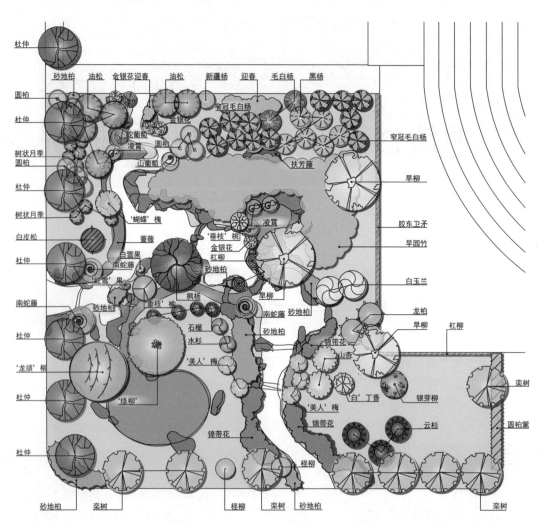

杜仲

砂地柏　油松　金银花迎春　油松　新疆杨　迎春　毛白杨　黑杨

圆柏

窄冠毛白杨

杜仲

蛇葡萄

金银花

凌霄

圆柏

窄冠毛白杨

树状月季

山葡萄

圆柏

扶芳藤

旱柳

杜仲

'蝴蝶'槐

凌霄

胶东卫矛

树状月季

'垂枝'桃

旱园竹

白皮松

蔷薇

金银花

杠柳

杜仲

白雪果

砂地柏

白玉兰

南蛇藤

'红雪'果

旱柳

砂地柏

龙柏

南蛇藤

'垂枝'榆

枫杨

南蛇藤

旱柳

砂地柏

杜仲

砂地柏

石榴

砂地柏

杠柳

水杉

锦带花

栾树

'龙须'柳

'美人'梅

山杏

杜仲

'缘柳'

'白'丁香

银芽柳

圆柏篱

'美人'梅

锦带花

云杉

杜仲

锦带花

柽柳

栾树

砂地柏　栾树　柽柳　栾树　砂地柏　栾树

图2-9-1 "芦影荡漾" 平面图（D-11）

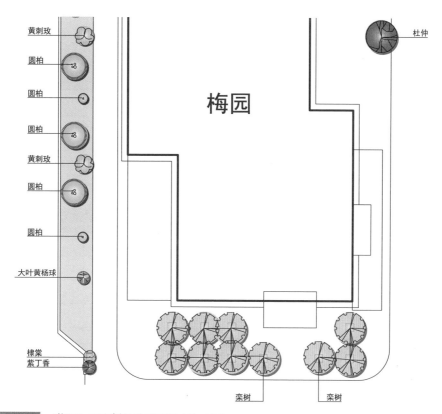

图2-9-2 "梅园"西南侧绿地平面图（D-12）

表2-9-1 地块D-11、D-12植物明细表

序号	植物名称	科	属	拉丁名	所属地块
常绿乔木					
1	白皮松	松科	松属	*Pinus bungeana*	D1, D3, D4, D11
2	油松	松科	松属	*Pinus tabuliformis*	D1, D5, D6, D9, D11, D13, D16
3	云杉	松科	云杉属	*Picea asperata*	D4, D11
4	圆柏	柏科	圆柏属	*Sabina chinensis*	D1, D2, D3, D4, D5, D6, D7, D8, D9, D10, D11, D12, D13, D14
5	'龙柏'	柏科	圆柏属	*Sabina chinensis* 'Kaizuca'	D5, D11

（续）

序号	植物名称	科	属	拉丁名	所属地块
常绿灌木					
1	砂地柏	柏科	圆柏属	*Sabina vulgaris*	D1，D2，D3，D4，D5，D6，D8，D9，D11，D14
2	大叶黄杨	卫矛科	卫矛属	*Euonymus japonicus*	D1，D4，D5，D6，D7，D9，D10，D12，D13
3	胶东卫矛	卫矛科	卫矛属	*Euonymus kiautschovicus*	D11
落叶乔木					
1	'垂枝'桃	蔷薇科	桃属	*Amygdalus persica* 'Pendula'	D11
2	山杏	蔷薇科	杏属	*Armeniaca sibirica*	D1，D9，D11，D13
3	白玉兰	木兰科	木兰属	*Magnolia denudata*	D1，D11
4	'蝴蝶'槐	豆科	槐属	*Sophora japonica* 'Oligophylla'	D1，D11
5	毛白杨	杨柳科	杨属	*Populus tomentosa*	D11
6	新疆杨	杨柳科	杨属	*Populus bolleana* Lauche	D11
7	黑杨	杨柳科	杨属	*Populus nigra*	D11
8	旱柳	杨柳科	柳属	*Salix matsudana*	D11
9	'龙须'柳	杨柳科	柳属	*Salix matsudana* 'Tortuosa'	D11
10	'绦柳'	杨柳科	柳属	*Salix matsudana* 'Pendula'	D11
11	银牙柳	杨柳科	柳属	*Salix leucopithecia*	D11
12	'垂枝'榆	榆科	榆属	*Ulmus pumila* 'Pendula'	D11
13	杜仲	杜仲科	杜仲属	*Eucommia ulmoides*	D11，D12，D13，D14
14	枫杨	胡桃科	枫杨属	*Pterocarya stenoptera*	D4，D11
15	水杉	水杉科	水杉属	*Metasequoia glyptostroboides*	D11
16	栾树	无患子科	栾树属	*Koelreuteria paniculata*	D1，D5，D8，D9，D10，D11，D12，D14
17	柽柳	柽柳科	柽柳属	*Tamarix chinensis*	D11
18	窄冠毛白杨	杨柳科	杨属	*Populus tomentosa*	D3，D11，D16，D17

序号	植物名称	科	属	拉丁名	所属地块
落叶灌木					
1	棣棠	蔷薇科	棣棠花属	*Kerria japonica*	D1，D3，D4，D9，D12，D14
2	黄刺玫	蔷薇科	蔷薇属	*Rosa xanthina*	D1，D5，D6，D7，D9，D12，D13
3	'美人'梅	蔷薇科	李属	*Prunus mume* 'Meiren'	D3，D9，D11
4	紫丁香	木犀科	丁香属	*Syringa oblata*	D6，D9，D12，D13，D14
5	'白'丁香	木犀科	丁香属	*Syringa oblata* 'Alba'	D6，D9，D11，D13，D14
6	迎春	木犀科	茉莉属	*Jasminum nudiflorum*	D1，D4，D5，D6，D9，D10，D11
7	石榴	石榴科	石榴属	*Punica granatum*	D4，D11
8	锦带花	忍冬科	锦带花属	*Weigela florida*	D1，D3，D11
9	白雪果	忍冬科	毛核木属	*Symphoricarpos albus*	D11
10	'红雪'果	忍冬科	毛核木属	*Symphoricarpos orbiculatus* 'Red Snowberry'	D11
11	树状月季	蔷薇科	蔷薇属	*Rosa chinensis*	D11
攀缘植物					
1	蔷薇	蔷薇科	蔷薇属	*Rosa multifolora*	D11
2	蛇葡萄	葡萄科	蛇葡萄属	*Ampelopsis sinica*	D9，D11
3	山葡萄	葡萄科	葡萄属	*Vitis amurensis*	D9，D11
4	杠柳	萝藦科	杠柳属	*Periploca sepium*	D11
5	凌霄	紫葳科	凌霄花属	*Campsis grandiflora*	D9，D11，D14
6	金银花	忍冬科	忍冬属	*Lonicera japonica*	D11
7	南蛇藤	卫矛科	南蛇藤属	*Celastrus orbiculatus*	D1，D7，D9，D11，D14
8	扶芳藤	卫矛科	卫矛属	*Euonymus fortunei*	D11
竹类					
1	早园竹	禾本科	刚竹属	*Phyllostachys propinqua*	D9，D11，D14

适合堤岸造景的柳

1. 绦柳

落叶大乔木，柳枝细长，柔软下垂。适合于庭院中生长，尤其于水池或溪流边，可以配合其他植物形成美丽的林冠线，也可作为背景。孤植、丛植、列植都有不错的效果。

2. 龙须柳

是优良的绿化树种，是我国北方平原地区常见的乡土树种，环境适应性强，栽培简单。其特点为枝条扭曲向上，甚为奇特，但生长势较弱，树体较小，易遭虫害，寿命短。适宜栽植于水边（图2-9-3）。

图2-9-3　龙须柳

3. 旱柳

枝条柔软，树冠丰满，是中国北方常用的庭荫树、行道树。最宜沿河湖岸边及低湿处、草地上栽植。亦可作防护林及沙荒造林等用。

4. 柽柳

枝条细柔，姿态婆娑，开花如红蓼，颇为美观。在庭院中可作绿篱用，适列植于水滨、池畔、桥头、河岸、堤防，易形成淡烟疏树、绿荫垂条的效果（图2-9-4）。

图2-9-4 柽柳

5. 银芽柳

每年早春，银芽柳紫红色的枝头会萌发出毛茸、形似毛笔头的花芽，颜色洁白，素雅清新，是优良的早春观芽植物。到了夏季则绿叶婆娑，潇洒自然。适合种植于池畔、河岸、湖滨以及草坪、林边等处。此外，其枝条还是常用的切花材料，用于各种插花、花艺作品或单独瓶插观赏。

第十部分
地块D-13、D-14植物概况

　　地块D-13、D-14位于梅园以北，其内主要建筑为兰阁（学生宿舍）和竹轩（培训宿舍）。地块D-13植物景观主要位于兰阁东西两侧和南侧，东侧为花境实训场，占地约7291㎡（图2-10-1）。地块D-14植物景观主要包含竹轩南侧竹园和四周绿化带，占地约3702㎡（图2-10-2）。宿舍楼前的竹园是一个小型竹子专类园，春秋季闭眼立于其侧，待清风吹来，听竹叶索索作响，也是一桩雅事。地块内植物配置见表2-10-1。

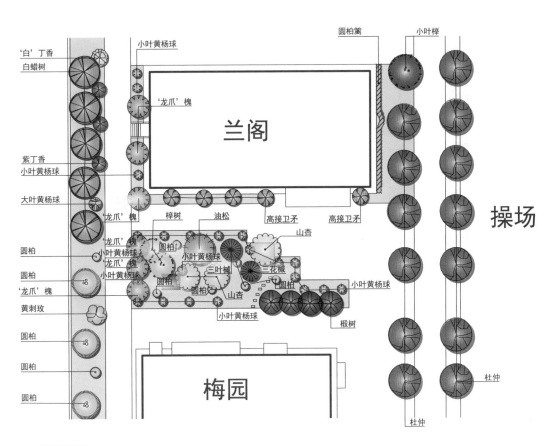

圆柏篱　　　　小叶榉

小叶黄杨球

'白'丁香
白蜡树

'龙爪'槐

兰阁

紫丁香
小叶黄杨球

大叶黄杨球

'龙爪'槐

'龙爪'槐
小叶黄杨球
'龙爪'槐
小叶黄杨球

圆柏

圆柏

'龙爪'槐

黄刺玫

圆柏

圆柏

圆柏

榉树　　　油松

圆柏
小叶黄杨球
圆柏
圆柏

山杏

三叶槭　　三花槭

圆柏

山杏

小叶黄杨球

高接卫矛　　高接卫矛

小叶黄杨球

椴树

操场

杜仲

杜仲　　　杜仲

梅园

图2-10-1　"兰阁"南侧绿地平面图（D-13）

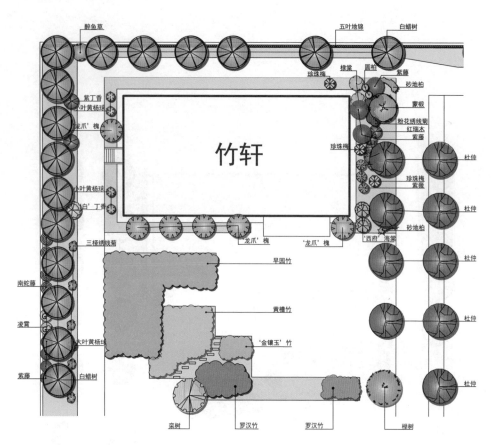

图2-10-2　"竹轩"南侧绿地平面图（D-14）

表2-10-1　地块D-13、D-14植物明细表

序号	植物名称	科	属	拉丁名	所属地块
常绿乔木					
1	油松	松科	松属	*Pinus tabuliformis*	D1, D5, D6, D9, D11, D13, D16
2	圆柏	柏科	圆柏属	*Sabina chinensis*	D1, D2, D3, D4, D5, D6, D7, D8, D9, D10, D11, D12, D13, D14

序号	植物名称	科	属	拉丁名	所属地块
常绿灌木					
1	砂地柏	柏科	圆柏属	*Sabina vulgaris*	D1，D2，D3，D4，D5，D6，D8，D9，D11，D14
2	小叶黄杨	黄杨科	黄杨属	*Buxus microphylla*	D5，D6，D10，D13，D14
3	大叶黄杨	卫矛科	卫矛属	*Euonymus japonicus*	D1，D4，D5，D6，D7，D9，D10，D12，D13
落叶乔木					
1	'西府'海棠	蔷薇科	苹果属	*Malus spectabilis* 'Riversii'	D3，D4，D14
2	山杏	蔷薇科	杏属	*Armehiaca sibirica*	D1，D9，D11，D13
3	白蜡树	木犀科	白蜡树属	*Fraxinus chinensis*	D9，D13，D14，D15，D16
4	'龙爪'槐	豆科	槐属	*Sophora japonica* 'Pendula'	D13，D14
5	三叶槭	槭树科	槭树属	*Acer henryi*	D13
6	三花槭	槭树科	槭树属	*Acer triflorum*	D13
7	榉树	榆科	榉树属	*Zelkova schneideriana*	D13，D14
8	杜仲	杜仲科	杜仲属	*Eucommia ulmoides*	D11，D12，D13，D14
9	栾树	无患子科	栾树属	*Koelreuteria paniculata*	D1，D5，D8，D9，D10，D11，D12，D14
10	椴树	椴树科	椴树属	*Tilia tuan*	D13
11	蒙椴	椴树科	椴树属	*Tilia mongolica*	D9，D14
落叶灌木					
1	棣棠	蔷薇科	棣棠花属	*Kerria japonica*	D1，D3，D4，D9，D12，D14
2	黄刺玫	蔷薇科	蔷薇属	*Rosa xanthina*	D1，D5，D6，D7，D9，D12，D13
3	粉花绣线菊	蔷薇科	绣线菊属	*Spiraea japonica*	D4，D9，D14
4	三桠绣线菊	蔷薇科	绣线菊属	*Spiraea trilobata*	D6，D14
5	珍珠梅	蔷薇科	珍珠梅属	*Sorbaria kirilowii*	D8，D14
6	紫薇	千屈菜科	紫薇属	*Lagerstroemia indica*	D3，D4，D5，D14

（续）

序号	植物名称	科	属	拉丁名	所属地块
落叶灌木					
7	紫丁香	木犀科	丁香属	*Syringa oblata*	D6，D9，D12，D13，D14
8	'白'丁香	木犀科	丁香属	*Syringa oblata* 'Alba'	D6，D9，D11，D13，D14
9	醉鱼草	醉鱼草科	醉鱼草属	*Buddleja lindleyana*	D14
10	红瑞木	山茱萸科	梾木属	*Cornus alba*	D5，D6，D14
攀缘植物					
1	五叶地锦	葡萄科	爬山虎属	*Parthenocissus quinquefolia*	D1，D7，D9，D14，D15
2	紫藤	豆科	紫藤属	*Wisteria sinensis*	D14
3	凌霄	紫葳科	凌霄花属	*Campsis grandiflora*	D9，D11，D14
4	南蛇藤	卫矛科	南蛇藤属	*Celastrus orbiculatus*	D1，D7，D9，D11，D14
竹类					
1	早园竹	禾本科	刚竹属	*Phyllostachys propinqua*	D9，D11，D14
2	黄槽竹	禾本科	刚竹属	*Phyllostachys aureosulcata*	D14
3	'金镶玉'竹	禾本科	刚竹属	*Phyllostachys aureosulcata* 'Spectabilis'	D14
4	罗汉竹	禾本科	刚竹属	*Phyllostachys aurea*	D14

竹

1. 早园竹

姿态优美，生命力强，可广泛用于公园、庭院、厂区等，也可绿化边坡、河畔、山石。竹成本较低，而绿化效果好，栽植当年即可表现出非常好的景观效果。

2. 黄槽竹

秆色优美，耐寒性较强，在园林中主要供观赏。宜栽植在背风向阳处，与山石、宿根花卉配合。

3.'金镶玉'竹

'金镶玉'竹的珍奇处在嫩黄色的竹秆上，于每节生枝叶处都有一道碧绿色的浅沟，位置节节交错。可以栽植于角隅处、墙边，或与山石、地被配合。

4.'黄秆京'竹

散生竹，秆高3~5m，径1~2cm。竹秆、枝全部为硫黄色。黄秆绿叶引人喜爱，可与山石、地被配合。

第十一部分
地块D-15植物概况

　　地块D-15位于运动场北侧，"北墙草锦"景观位于北墙绿化带，其内墙体绿化植物为五叶地锦，行道树为白蜡树，地表分区植有多种宿根花卉，夏季橙红的射干花与洁白的桔梗花随轻风摇曳，令人愉悦。到了秋季，五叶地锦叶色在橙色和深红之间变换，给不断降温的深秋带来一抹温暖。该区域占地约5773m²（图2-11-1）。地块内植物配置见表2-11-1。

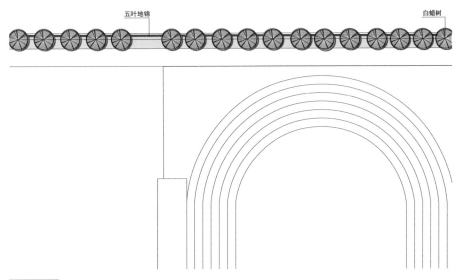

五叶地锦　　　　　　　　　　　　　　　　　　　　　白蜡树

图2-11-1　"北墙草锦"平面图（D-15）

表2-11-1　地块D-15植物明细表

序号	植物名称	科	属	拉丁名	所在地块
落叶乔木					
1	白蜡树	木犀科	白蜡树属	*Fraxinus chinensis*	D9, D13, D14, D15, D16
攀缘植物					
1	五叶地锦	葡萄科	爬山虎属	*Parthenocissus quinquefolia*	D1, D7, D9, D14, D15

藤本植物

1. 五叶地锦

生长健壮、迅速，适应性强，春夏碧绿可人，入秋后红叶色彩可观，是庭园墙面绿化的主要材料。理想垂直绿化植物，可覆盖墙面、山石，入秋后叶片变红，给庭院、假山、建筑增添色彩。

2. 南蛇藤

植株姿态优美，茎、蔓、叶、果都具有较高的观赏价值，是城市垂直绿化的优良树种。特别是南蛇藤秋季叶片经霜变红或变黄时，美丽壮观；成熟的累累硕果，竞相开裂，露出鲜红色的假种皮，宛如颗颗宝石。可作为攀缘绿化材料，植于棚架、墙垣、岩壁等处；或用于湖畔、塘边、溪旁、河岸，种植于坡地、林缘及假山、石隙等处，颇具野趣。

3. 山荞麦

春夏间开小花，花白色，有微香，宜作垂直绿化及地面覆盖材料。适合于庭院、花境或建筑物周围栽植，颇有野趣。

4. 紫藤

茎蔓蜿蜒，开花繁多，在庭院中用其攀绕棚架，制成花廊，或用其攀绕枯木，有枯木逢生之意。适栽于湖畔、池边、假山、墙隅等处，具独特风格，也可作垂直绿化（图2-11-2）。

图2-11-2 紫藤

5. 木香

中国传统花卉，可攀缘于棚架，也可作为垂直绿化材料，攀缘于墙垣或花篱。春末夏初，洁白或米黄色的花朵镶嵌于绿叶之中，散发出浓郁芳香；而到了夏季，其茂密的

枝叶又为人们遮挡烈日，带来阴凉。园
林中广泛用于花架、花格墙、篱垣和崖
壁的垂直绿化。

图2-11-3　凌霄

6. 凌霄

生性强健，枝繁叶茂，花色橙红，
入夏后朵朵缀于绿叶中次第开放，十分
美丽，是理想的垂直绿化、美化花木。
可用于棚架、假山、花廊、墙垣绿化（图2-11-3）。

7. 杠柳

根系发达，具有较强的无性繁殖能力，同时具有较强的抗旱性，是一种极好的固沙
植物。常用来防风固沙、调节林内地表温度，在园林中可与山石结合，也可栽植于河边
沙地、林缘、林中、路边、山坡。

8. 金银花

由于花初开为白色，后转为黄色，因此得名金银花。由于匍匐生长能力和攀缘生长
能力强，适合在林下、林缘、建筑物北侧等处作地被栽培；还可以绿化矮墙；亦可利用
其缠绕能力制作花廊、花架、花栏、花柱以及缠绕假山石等。

第十二部分
地块D-16、D-17植物概况

　　地块D-16（图2-12-1）和 D-17（图2-12-2）位于学校东北角，其内为盆景园，有日光温室一座，是学校盆景、花卉生产、园林施工的重要实训场所。区域四周植有窄冠毛白杨、白蜡树、银杏等乔木，教室前西侧花池植有造型优美的榔榆、元宝枫，仿作树桩盆景，东侧花池油松与假山相依，仿作山水盆景。两块区域共占地约8767m²。地块内植物配置见表2-12-1。

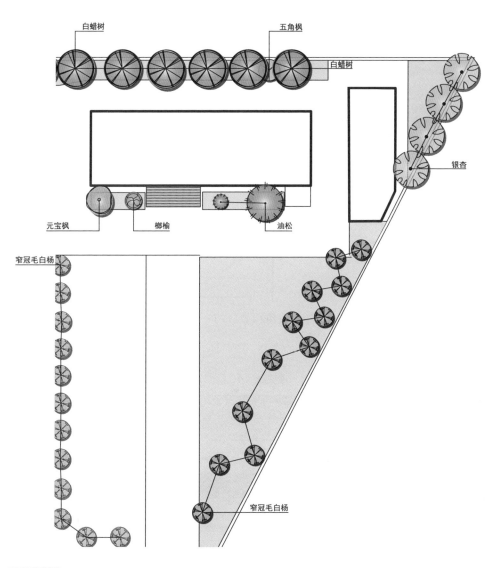

白蜡树

五角枫

白蜡树

银杏

元宝枫

榔榆

油松

窄冠毛白杨

窄冠毛白杨

图2-12-1 盆景园平面图1（D-16）

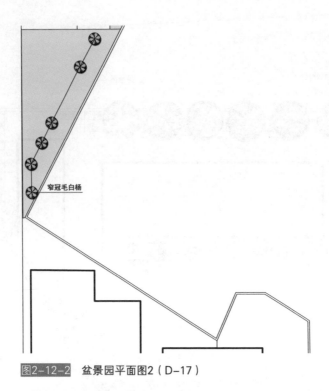

窄冠毛白杨

图2-12-2　盆景园平面图2（D-17）

表2-12-1　地块D-16、D-17植物明细表

序号	植物名称	科	属	拉丁名	所属地块
常绿乔木					
1	油松	松科	松属	*Pinus tabuliformis*	D1, D5, D6, D9, D11, D13, D16
落叶乔木					
1	白蜡树	木犀科	白蜡树属	*Fraxinus chinensis*	D9, D13, D14, D15, D16
2	五角枫	槭树科	槭树属	*Acer mono*	D16
3	榔榆	榆科	榆属	*Ulmus parvifolia*	D16
4	银杏	银杏科	银杏属	*Ginkgo biloba*	D1, D3, D7, D8, D16
5	窄冠毛白杨	杨柳科	杨属	*Populus tomentosa*	D3, D11, D16, D17
6	元宝枫	槭树科	槭树属	*Acer truncatum*	D5, D16

杨属的植物

1. 窄冠毛白杨

在园林中常丛植用作背景，遮挡或分隔空间用；也常在堤岸、路边列植，起到防护作用；也可群植于草坪、广场、水滨。

2. 黑杨

树冠圆柱状，树形高耸挺拔，姿态优美。可丛植、列植于草坪、广场、学校、医院等地；还可营造防护林，丛植于草地或列植于堤岸、路边。在北方园林中常见，也常作行道树、防护林用。

3. 毛白杨

树体高大挺拔，姿态雄伟，叶大荫浓，生长较快，适应性强，是城乡及工矿区优良的绿化树种。常用作行道树、庭荫树或营造防护林；可孤植、丛植、群植于建筑周围、草坪上、广场上、水边；也可在街道、公路、学校运动场、工厂、牧场周围列植、群植。

4. 新疆杨

树形及叶形优美，是城市绿化或道路两旁栽植的好树种。在草坪、庭前孤植、丛植或植于路旁、点缀山石都很合适，也可用作绿篱及基础种植材料。

第三单元

中国传统
植物文化

中国文化源远流长，而中华民族是一个崇尚自然、喜爱植物的民族，植物的应用伴随着中国文化发展而形成的中国植物文化同样是灿若星河。植物文化既包含了与其食用和药用价值相关联的物质层面，同时也包含了透过植物这一载体，反映出的传统价值观念、哲学意识、审美情趣等的精神层面（图3-0-1）。

图3-0-1 中国古典园林景观

第一部分
中国传统植物文化概述

一、植物应用

中国人的生活很早就与植物息息相关，起初搜寻自然中植物的根、茎、叶、果实、种子果腹，再到收集种子进行播种，开启了早期农业的发展；随着生产力的进一步提高，衣食住等生活条件有了改善之后，植物除了用于饮食医药，满足基本生活需要，更在美化绿化生活环境中发挥了重要的作用。人们将植物栽种于居住区、容器中来点缀居所。浙江河姆渡遗址出土陶片上赫然印有一株植物栽植于盆盎中的图案，观之令人动容、惊叹：早在七八千年前的新石器时代，中国先民已经将植物栽种于器皿中，其形象与当今的盆栽植物无异（图3-1-1）。从古至今，随着几千年的传承与发展，大到园囿，小到庭院，再至室内外盆栽、插花、盆景，乃至头花，中国人将植物的应用发挥到了极致（图3-1-2）。

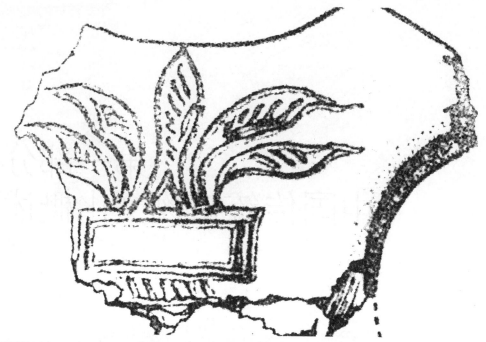

图3-1-1 河姆渡遗址出土陶片

图3-1-2 宋代插花（李嵩《花篮图》）

以盆景为例，植物在盆景诞生的那一刻起就扮演着重要的角色。盆景在宋代逐渐形成了树木盆景和山水盆景两大类，其中树木盆景主要表现自然中的名木古树，它脱胎于植物盆栽，在盆栽发展的过程中人们不再单纯欣赏植物的自然美，而是通过特定的审美取向和园艺技法对盆中植物等材料进行造型（图3-1-3）。山水盆景主要表现自然中的山水景观，它离开了植物便无法形成自然景观。

随着时间的发展，中国人用自己的智慧和技术使植物应用呈现出丰富的多样性，也使植物文化呈现出更多的表达方式。

图3-1-3 盆景

二、传统植物文化内涵

多种多样的植物因为实用价值被应用到古人的生活之中，并与经济、政治、宗教、艺术等紧密结合，人们不断赋予植物新的文化内涵，使植物具备了特定的象征意义。

特别是中国古代文人，将他们喜爱的具有特定习性的植物拟人化，通过植物表达审美取向、思想道德和精神追求，如"四君子""岁寒三友"等。苏轼曾说："宁可食无肉，不可居无竹。无肉令人瘦，无竹令人俗。"古人不仅通过诗词歌赋歌颂植物，还将这些植物充分融入到自己的生活中。例如，在庭院中栽植梅花、竹丛，室内摆放菖蒲、兰花盆栽等，借物言志，彰显自己的品德及精神追求。

1. 四君子

梅、兰、竹、菊四种植物，被中国古代文人赋予了君子般的优秀品格，称为花中四君子。

梅：梅花作为传春报喜、吉庆的象征，从古至今一直被中国人视为吉祥之物。王安石一首"墙角数枝梅，凌寒独自开。遥知不是雪，为有暗香来"的咏梅诗更是道出了梅花不惧严寒、傲然独放、才气谦溢的君子品格（图3-1-4）。

兰：国人栽培兰花有两千多年的历史，历来把兰花看作是高洁典雅的象征。"芝兰生于深林，不以无人而不芳"，兰花与草木为伍，淡雅幽香，被赋予了不与群芳争艳、不畏霜雪欺凌、坚忍不拔的刚毅气质（图3-1-5）。

图3-1-4 梅花

图3-1-5 兰花

竹：竹子是深受中国人喜爱的一种植物，与中国人的生活息息相关。竹笋可食，竹根、竹叶可入药，竹丛植于庭院可观，竹杆可作建筑用材，通过加工也可变成各种实用的生活工具。因其身形挺直、竹节多而中空等特点，被赋予了宁折不弯、节节奋进、虚怀若谷、卓尔善群等君子品质（图3-1-6）。

菊：菊花原产于我国，与我国人民的生活息息相关，国人素有赏菊、食菊的习俗。菊花除了有"吉祥、长寿"的寓意外，更因"我花开后百花杀"，菊花不畏风霜严寒、傲霜盛开的特点被视为君子生命顽强、高风亮节的象征。

2. 岁寒三友

"岁寒三友"即松、竹、梅。因为松树、竹子越冬而不凋零，梅花迎寒而开，

图3-1-6　竹石小景

三种植物傲骨迎风、挺霜而立、不惧严寒，称为岁寒三友。古代文人也常以与象征常青不老的松、象征君子之道的竹、象征冰清玉洁的梅为友而自喻。

松：松子可食，松树可作为建材，也是重要的园林植物。由于松树树姿雄伟、苍劲，树体高大，寿命长，将其作为坚定、贞洁、长寿的象征，赋予了松树不畏逆境、战胜困难的坚韧精神。

3. 中国传统十大名花

在1984—1986年的一次全国性的评比活动中，凭借"栽培历史悠久、观赏价值特高、富有民族特色"三个基本条件，梅花、牡丹、菊花、兰花、月季、杜鹃花、山茶、荷花、桂花、水仙10种观赏植物被评为"中国传统十大名花"，由此可见国人对这些植物的喜爱程度（图3-1-7）。这些花卉栽培应用历史久远，多被古代文人赋诗、作词、入画，并被赋予特定的、美好的文化内涵。

　　我国地域辽阔，园林植物种类众多，素有"世界园林之母"的美誉。从古至今，从物质层面到精神层面，国人对植物的认识和应用不断向前发展。作为园林工作者，我们当继承古人赋予植物的文化内涵，并通过多种途径不断加强对植物的认识，深化植物在园林建设中的应用，为我国植物文化发展续写新的篇章。

杜鹃　　　　荷花　　　　菊花

牡丹　　　　山茶　　　　月季

桂花　　　梅花　　　兰花　　　水仙

图3-1-7　中国传统十大名花

第二部分
植物古诗词赏析

　　植物与人们的衣食住行息息相关，它满足了人们的物质需要和精神追求。自古以来，人们不断地用诗句描写植物、赞美植物，并将植物拟人化，赋予植物高贵的品格。或花开或花落，或春去或冬来，古诗词字里行间对植物的描写，承载了千百年来人们的喜怒哀乐。

一、描写松的诗句

青松

陈毅

大雪压青松，青松挺且直。

要知松高洁，待到雪化时。

注释

　　压：此处指松枝上落满厚厚的积雪。挺：挺拔。

赏析

　　厚厚的一层积雪压在松枝上，但这青松仍旧又高又直。要想知道这青松的高贵品格，那就要等到树上厚厚的雪化了之后才能看到。

这首诗大气凛然,托物言志。全篇描写青松不畏大雪覆盖压迫,时刻保持高洁的品质,借此作者颂扬坚忍不拔、不畏艰难、愈挫弥坚的时代精神。

小松

杜荀鹤（唐）

自小刺头深草里,而今渐觉出蓬蒿。

时人不识凌云木,直待凌云始道高。

赏析

松树小的时候埋没在很深的草丛中,不容易被发现。现在才觉得小松已经长得高出了蓬蒿。那些人当时不识得这可以高耸入云的树木,直到它高耸入云,才说它高。

这首诗借松写人,托物讽喻。小松历经"深草里""出蓬蒿""凌云木"的生长,即使埋没草丛,仍坚强不屈,不断地挺拔向上生长。后两句作者话锋一转,发出感慨:时人目光短浅,只看眼前和现在,不能发现人才、关心人才成长。诗人借以自比有志难伸、报国无门。

南轩松

李白（唐）

南轩有孤松,柯叶自绵幂。

清风无闲时,潇洒终日夕。

阴生古苔绿,色染秋烟碧。

何当凌云霄,直上数千尺。

注释

孤:此处指一棵。柯叶:枝叶。绵幂:绵密,指枝叶繁茂。日夕:早晚。

赏析

窗南有棵孤傲的青松,枝叶是多么茂密。清风时时摇着它的枝条,潇洒终日是多么惬意。树荫下老早以前就长满绿苔,秋日的云雾到此也被它染绿。何时枝叶才能参天长到云霄外，直上千尺依然巍然挺正。

本诗托物言志，借松抒怀。前面重点描写院中枝叶繁茂的孤松，终日伴清风、秋烟潇洒自得，表现松树超然物外，后面则描写了松树顽强挺拔、凌云而上，暗寓作者刚正不阿的高尚品格和崇高的理想与远大的抱负。

二、描写竹的诗句

严郑公宅同咏竹

杜甫（唐）

绿竹半含箨，新梢才出墙。色侵书帙晚，阴过酒樽凉。

雨洗娟娟净，风吹细细香。但令无剪伐，会见拂云长。

注释

严郑公：即严武，受封郑国公。箨：笋壳。帙：包书的布套。

赏析

嫩绿的竹子有一半还包着笋壳，新长的枝梢刚伸出墙外。翠竹的影子投映在书套上，使人感到天色暗了下来。竹影移过酒杯令人觉得清凉宜人。新竹经过雨洗显得秀丽洁净，微风一吹，送来淡淡清香。但愿人们不要砍伐它，看到它长到拂云之高。

本诗托物言志，形象生动，委婉含蓄。全篇着重描写了新竹的可爱之处，其形、其色、其香令人愉悦，表达了作者对新竹的喜爱。第四句表明作者咏竹的用意：呼吁统治者爱惜呵护人才，给予人才充分的发展机会及空间，人才定会报效国家，实现凌云之志。

巽公院五咏·苦竹桥

柳宗元（唐）

危桥属幽径，缭绕穿疏林。

迸箨分苦节，轻筠抱虚心。

俯瞰涓涓流，仰聆萧萧吟。

差池下烟日，嘲哳鸣山禽。

谅无要津用，栖息有馀阴。

注释

苦竹：竹的一种。危：高。属：连接。幽径：幽深的小路。

迸：开裂。筠（yún）：竹皮。聆：听。差池：参差不齐。嘲哳：形容声音杂乱细碎。

谅：料想。津：渡口。

赏析

高桥与幽深的小路相连，小路曲曲折折穿过稀疏的竹林。竹秆从笋壳中迸发出来，长出竹节，青色的外皮环抱着空虚的竹心。俯看桥下涓涓溪流，抬头聆听山间萧萧的竹声。烟雾蒸腾中夕阳西下，山里的鸟儿杂乱地鸣叫着。料想苦竹不能作为渡口的竹筏，那就在我们休息时提供绿荫吧。

本诗是一首山水诗，看似描写竹桥，实际是在描写苦竹，托物言志。作者感叹竹子虽有苦节、虚心的品质，也只能供人和鸟歇息遮阴，不会用在重要的渡口，隐有自伤怀才不遇之意。

新竹

郑燮（清）

新竹高于旧竹枝，全凭老干为扶持。

下年再有新生者，十丈龙孙绕凤池。

注释

龙孙：竹笋别称。凤池：指池塘。

赏析

新长的竹子要比旧竹子高，它们的生长全凭老竹的滋养和扶持。下年又有新竹长出，长满了池塘两侧。

本诗作者借新竹和老竹的关系比喻青出于蓝而胜于蓝，而新生力量的成长又需老一代积极扶持，后两句表达新生力量在前辈的扶持下将更好更强大。

三、描写梅花的诗句

梅花

王安石（宋）

墙角数枝梅，凌寒独自开。

遥知不是雪，为有暗香来。

赏析

　　这是一首五言绝句。它描写了墙角数枝梅花迎寒冒雪开放，散发的幽幽香味才让远处的人察觉到挂在枝头的原来不是雪，而是盛开的梅花。本诗托物言志，通过颂扬梅花不畏严寒、凌雪盛放、幽香沁人的高贵品格，寓意人当如梅花不惧困难，在逆境中坚持正义和操守。

白梅

王冕（元）

冰雪林中著此身，不同桃李混芳尘。

忽然一夜清香发，散作乾坤万里春。

注释

　　著：安置。混：混杂。发：散发。乾坤：天地。

赏析

　　本诗描绘了白梅生长在有冰有雪的树林之中，并不与桃花李花混在一起，沦落在世俗的尘埃之中。忽然间这一夜清新的香味散发出来，竟散作了天地间的万里新春。这是一首题画诗，诗人借梅花凌寒独开的骨气表明自己的品格和志趣。

寒夜

杜耒（宋）

寒夜客来茶当酒，竹炉汤沸火初红。

寻常一样窗前月，才有梅花便不同。

赏析

冬天的夜晚，来了客人，用茶当酒，吩咐小童煮茗，火炉中的火苗开始红了起来，水在壶里沸腾着，屋子里暖烘烘的。月光照射在窗前，与平时并没有什么两样，只是窗前有几枝梅花在月光下幽幽地开着，芳香袭人。这使得今日的月色显得与往日格外不同了。

此诗读来清新淡雅，前三句描绘了"客来奉茶、竹炉汤沸、窗前月"等平淡无奇的日常生活场景，第四句话锋一转表明"有梅便不同"的想法。通过日常生活的平淡烘托出梅花的可贵，也借"才有梅花"暗喻"寒夜客来"，表达诗人和客人的友谊犹如梅花一样高雅芬芳。

四、描写柳的诗句

咏柳

贺知章（唐）

碧玉妆成一树高，万条垂下绿丝绦。

不知细叶谁裁出，二月春风似剪刀。

注释

碧玉：碧绿色的玉，这里指春天新发的柳叶。妆：打扮。绦（tāo）：丝带。

赏析

高高的柳树长满了翠绿的新叶，轻柔的柳枝垂下来，就像万条轻轻飘动的绿色丝带。这细细的嫩叶是谁的巧手裁剪出来的呢？原来是那二月里温暖的春风，它就像一把灵巧的剪刀。

这首咏物诗是一首七言绝句，作者运用拟人、比喻的手法形象生动地描绘了迷人的春柳、春风，读来趣味横生。前两句描写春柳，将新发嫩叶的柳树比作亭亭玉立的少女，柳条犹如少女身上垂下的丝带随风摇曳。后两句一问一答，巧妙地将春风比作制作这春色的无形剪刀。全诗表达了作者对这充满生机的春天的喜爱。

新柳

杨万里（宋）

柳条百尺拂银塘，且莫深青只浅黄。

未必柳条能蘸水，水中柳影引他长。

赏析

百尺长的柳条轻拂过闪耀着银光的水塘，柳色尚且还不是深青的，只是浅浅的黄。未必柳条能蘸到水，那是因为水中的柳影将它拉长了。

这是一首七言绝句。"新柳""浅黄"说明诗中描绘的是早春的柳树，"拂""蘸""引"这些动词的运用生动地描绘了一幅春风徐来、岸边柳条与水中柳影交织相融、随风舞动的动态美景。

卜算子·新柳

纳兰性德（清）

娇软不胜垂，瘦怯那禁舞。多事年年二月风，翦出鹅黄缕。

一种可怜生，落日和烟雨。苏小门前长短条，即渐迷行处。

注释

苏小：即苏小小。南朝齐时期著名歌伎，钱塘第一名伎，其貌美艳丽，且聪慧多才，父母早亡。虽身为歌伎，她却很知自爱，不随波逐流。历代文人多有传颂。

赏析译文

新柳的形态娇柔瘦弱，柔嫩的柳丝像娇弱的女子一样无力垂下，怎么能经受住春风的舞动。二月的春风年年多事，将柳枝吹成鹅黄的颜色。同样是垂柳，在夕阳西下的岸边，朦朦胧胧的烟雨中却更加怜爱。钱塘苏小的门前那青翠的柳荫，枝繁叶茂，迷离朦胧，让人浮想联翩。

这首词空灵清丽，上片描写早春新发的嫩柳，表达对娇弱新柳的怜惜，下片由柳树引出苏小的典故，让全词更加耐人寻味。

五、描写牡丹的诗句

赏牡丹

刘禹锡（唐）

庭前芍药妖无格，池上芙蕖净少情。

唯有牡丹真国色，花开时节动京城。

注释

妖：妖娆。格：风骨。芙蕖：荷花。情：情趣。

赏析

庭前的芍药妖娆艳丽却缺乏骨格，池中的荷花清雅洁净却缺少情韵。只有牡丹才是真正的天姿国色，到了开花季节引来无数的人欣赏，惊动了整个京城。

这是一首赞美牡丹的诗，诗人丰富的想象力将芍药、荷花、牡丹这三种花拟人化，通过描写芍药、荷花的优点和缺点与牡丹进行对比，反衬出牡丹的花色卓绝、艳丽高贵、倾国倾城。

赏牡丹

王建（唐）

此花名价别，开艳益皇都。

香遍苓菱死，红烧踯躅枯。

软光笼细脉，妖色暖鲜肤。

满蕊攒黄粉，含棱缕绛苏。

好和薰御服，堪画入宫图。

晚态愁新妇，残妆望病夫。

教人知个数，留客赏斯须。

一夜轻风起，千金买亦无。

名价：声名、价格。益：同溢，指满。红烧：花色红艳似火。踯（zhí）躅（zhú）：杜鹃。软光：柔和的光泽。细脉：指牡丹较细的枝干。妖色：艳丽的色彩。鲜肤：指牡丹嫩而薄的花瓣。

赏析

这花的声名、身价不同于其他花草，绽放时刻溢满整个国都。散发的芳香令苓菱羞愧欲死，火红的颜色令踯躅失色枯萎。柔和光华笼罩着花枝，妖艳色彩温暖着娇嫩的花瓣。花朵中填满了金粉一般的花蕊，翻卷花瓣如同大红流苏。香味和顺可以熏染御服，姿态美丽应当画入宫图。花将谢时犹如淡淡哀愁的新妇，凋零时如同望着病夫的女子。请大家知道牡丹花时短暂，客人请留下再欣赏片刻。因为夜里一阵风吹过之后，什么都没有了，即使千金都买不到。

本诗前段描写京城牡丹花开的盛景，赞美牡丹的娇美、芳香与华贵；后段描写牡丹凋零，借凋零劝大家珍惜花时，更加衬托出牡丹的可贵。全篇感情线路从赞叹到喜爱再到怜惜，一气呵成。

题所赁宅牡丹花

王建（唐）

赁宅得花饶，初开恐是妖。

粉光深紫腻，肉色退红娇。

且愿风留著，惟愁日炙燋。

可怜零落蕊，收取作香烧。

注释

赁（lìn）：租赁。饶：丰富。退红：粉色。炙燋（zhuó）：晒烤。

赏析

租赁房舍的院子里栽有很多牡丹，花开时绚丽无比，令人怀疑是花妖所变。白花光洁，紫花细腻，红花鲜艳，粉花娇美。但愿和风让牡丹的美丽长驻，只担心烈日将它炙烤。可惜花期已过，收起凋零的花瓣，当作香来烧。

本诗是作者目睹院内牡丹花开花落时有感而作。第一句表达作者被院内牡丹盛开的美丽惊艳到了；第二句具体刻画各色牡丹的娇美；第三句写出作者怜香惜玉，担心牡丹被骄阳炙烤，美丽不能长久；第四句拾起零落的花蕊当作香来烧。从初开到盛开再到花败，沿着时间轴层层递进，表达了作者对牡丹的喜爱和怜惜。

六、描写海棠的诗句

同儿辈赋未开海棠二首

元好问（金）

枝间新绿一重重，小蕾深藏数点红。

爱惜芳心莫轻吐，且教桃李闹春风。

注释

重重：层层叠叠。闹：嬉闹，结合前句"莫轻吐"可以看出此处暗指炫耀。

赏析

海棠枝条新长出的绿叶层层叠叠，小花蕾隐匿其间微微泛出些许的红色。一定要爱惜自己那芳香的心，不要轻易地盛开，姑且让桃花、李花在春风中尽情绽放吧。

本诗是一首七言绝句，诗人借未开海棠寄托自己独善其身的态度，借此诗告诫后辈不要学桃李在春风中炫耀自己或追名逐利，而是像海棠那样耐住寂寞，矜持高洁，不趋时，不与群芳争艳。

春寒

陈与义（宋）

二月巴陵日日风，春寒未了怯园公。

海棠不惜胭脂色，独立蒙蒙细雨中。

注释

怯：害怕、担心。园公：指作者本人。

赏析

二月的巴陵几乎天天都刮风下雨，我时刻担心这还未结束的春寒会使园内的花木受冻。娇嫩的海棠，毫不吝惜鲜红的花朵，挺身独立在寒风冷雨中开放。

本诗写于朝廷风雨飘摇、作者几经逃难之际，诗中"春寒"暗指当时金兵南下，朝廷动荡、百姓自危的社会大环境。通过描写海棠不惜损毁颜色、傲然挺立雨中，体现了海棠的风骨和雅致，在描写海棠的同时融入了自己的品格，表明自己勇于在艰难的世事傲然挺立。

海棠

苏轼（宋）

东风袅袅泛崇光，香雾空蒙月转廊。

只恐夜深花睡去，故烧高烛照红妆。

注释

东风：春风。崇光：华美的光泽。故：因而，于是。

赏析

春风袅袅，月光照耀这日渐增加的春光。花朵的香气融在朦胧的雾里，而月亮已经移过了院中的回廊。由于害怕在深夜时分海棠独自开放，故而燃起蜡烛照着海棠继续欣赏。本诗借描写海棠的色、香和神态，表达诗人的爱花惜花之情。

第四单元

园林植物
应用

第一部分
花坛应用

在校园中，除了乔灌木的应用外，花卉应用也是非常重要的手段，它能够增加绿地色彩，弥补绿地季节性景色欠缺，能带来生机和氛围，在农林类职业院校中，还是学生识别植物、动手实践的场所。

一、花坛的概念及特点

《中国农业百科全书·观赏园艺卷》将花坛定义为"按照设计意图在一定形体范围内栽植观赏植物，以表现群体美的设施"。花坛主要表现花卉组成的平面纹样或色彩美，不表现个体的形态美。花坛通常是随季节变化或节庆需要，灵活栽植、变换摆放的，在园林中往往起着点睛之笔的作用。

二、花坛的作用

1. 美化观赏

花坛既可作为主景也可作为配景，经常布置在街头绿地、道路两旁、广场、公园等地方，美化城市环境，拉近人与自然的距离，为城市环境增添色彩。

2. 标志和宣传

把标徽、标语、吉祥物、文字等融合于花坛之中，不但视觉效果好，还可以起到标志和宣传的作用。也可以寓文化教育于花坛之中，起到教育作用。在节日使用花坛，还可烘托氛围（图4-1-1）。

图4-1-1　标志作用的花坛

3. 基础装饰

如果在建筑物的墙基、屋角、台阶等处设置花坛，不但增加了色彩，还软化了建筑僵硬的线条。花坛也可以作为雕塑、水池的配景，起到衬托的作用。

4. 分隔空间

花坛可以将大空间分隔成小空间，也可以分隔成半开敞和封闭空间，是园林设计中空间处理的艺术手段。

5.组织交通

校园路口可以设置花坛，起到强化分区、车辆分流的作用，同时也可增加车行、人行的美感与安全感（图4-1-2）。

图4-1-2 组织交通的花坛

三、花坛的分类

1.按花坛表现主题的不同分类

以花坛表现主题内容不同进行分类是对花坛最基本的分类方法。可分为花丛式花坛、模纹式花坛、标题式花坛、装饰物花坛、立体花坛、混合花坛和造景式花坛。

（1）花丛式花坛

主要表现和欣赏观花的草本植物花朵盛开时，花卉群体的绚丽色彩，以及不同花色种或品种组合搭配，所表现出的华丽图案和优美外貌。花丛式花坛依栽植方式分为地栽花卉花坛（图4-1-3）和盆栽花卉花坛（图4-1-4）。

图4-1-3　地栽花卉花坛　　　　图4-1-4　盆栽花卉花坛

（2）模纹式花坛

主要表现和欣赏由观叶或花叶兼美的植物所组成的精美复杂的图案纹样。要求图案纹样细致，有长期的稳定性，能长时间观赏。

（3）标题式花坛

标题式花坛是指用观花或观叶植物组成具有明确的主题思想的图案，按其表达主题可以分为文字花坛、肖像花坛、象征性图案花坛等（图4-1-5）。

图4-1-5　标题式花坛

（4）装饰物花坛

装饰物花坛是指以观花、观叶或不同种类配置具一定实用目的的装饰物的花坛，如做成日历、日晷等形式的花坛（图4-1-6）。

图4-1-6　装饰物花坛

（5）立体花坛

立体花坛是用细密的植物材料种植于具有一定结构的立体造型骨架上面形成的一种花卉立体装饰。它包括将花卉通过容器固定在造型结构上，组装形成的安装式立体花坛（图4-1-7）和通过在立体造型中填充基质，并将植物材料栽植到基质上的栽植式立体花坛（图4-1-8）。

（6）混合花坛

由两种或两种以上类型的花坛组合而成。例如，盛花花坛和模纹式花坛结合，盛花花

图4-1-7　安装式立体花坛

图4-1-8　栽植式立体花坛

坛和立体花坛结合，花坛与水景、雕塑等结合形成的混合花坛。

（7）造景式花坛

借鉴园林营造山水、建筑等景观的手法，运用以上花坛形式和花丛、花境、立体绿化等相结合，布置出模拟自然山水或人文景点的综合花卉景观。一般布置于较大的空间。

2. 按花坛的布局方式分类

（1）独立花坛

作为局部构图中的一个主体而存在的花坛称为独立花坛。独立花坛是主体花坛，可以是花丛式花坛、模纹式花坛、标题式花坛或装饰物花坛。

（2）花坛群

当多个花坛组成不可分割的构图整体时，称为花坛群。花坛之间可以是铺装场地或草坪，排列组合是规则的。花坛群具有构图中心，通常独立花坛、水池、喷泉、纪念碑、雕塑等都可以作为花坛群的构图中心。

（3）连续花坛群

多个独立花坛或带状花坛，呈直线排成一行，组成一个有节奏规律的不可分割的构图整体时，称为连续花坛群。

四、花坛应用实例

在北京市园林学校D-03地块西北角常年摆放一组立体花坛（图4-1-9），在这里摆放花坛的原因：一是此位置非常接近校门口，进入校门后花坛很快映入眼帘，给人留下生机勃勃的印像；二是花坛在秋实广场的东南侧，增添了广场的景色；三是此处正对图书馆大门，形成对景。

花坛主体结构选择两个花拱，主要提升该场地立面景观效果。为了保持较长时间的观赏期，花坛选择了非洲凤仙作为主花材，花期可以从4月持续到10月，涵盖了北京植物的观赏期，中间不用换花。花拱下方采用花色对比较强的花卉，种类多选择矮牵牛。

图4-1-9　立体花坛

第二部分
花境应用

花境起源于英国，已经有一百多年的历史了。由于管理简便、植物多样、效果自然等特点，近年来花境逐渐成为城市绿地中花卉应用的主要形式之一。在校园中，花境不但可以美化环境，点缀绿地，还可以起到展示花卉、陶冶情操的作用。

一、花境的概念

花境是模拟自然界林地边缘地带多种野生花卉交错生长的状态，经过艺术设计，将多年生花卉为主的植物材料以平面上斑块混交、立面上高低错落的方式种植于带状的园林地段而形成的花卉景观。花境的最小单位是花丛，花丛是用几株或几十株花卉组合成丛的自然式应用，极富自然之趣，管理比较粗放。

二、花境的特点

1. 应用形式灵活

花境没有严格的形式，可以根据具体环境特点灵活应用。它能作为建筑物基础栽植，布置在道路旁、林缘处、草坪上，还能与绿篱、树墙结合，在庭院中也经常出现。

2. 花卉种类丰富

通常在花境中会用到很多花卉，包括宿根花卉，一、二年生花卉，球根花卉，观赏草等，必要时还需要花灌木、常绿树或攀缘植物等作背景。丰富的植物种类可以形成一个植物群体，具有良好的生态作用。

3. 展现季相变化

花境由多种花卉组成，不同花卉的花期是不一样的，植株表现的状态也不一样，还有一些观叶花卉随着季节变化叶色会跟着变化，因此花境在不同的季节能够表现不同的美，效果多样。

4. 观赏期长

不同花期的花卉配置在一起，再配以观叶花卉，使得花境的观赏期得以延长。在北京花境的观赏期可以从早春持续到秋末。

5. 维护成本低

由于花境大多选用的是宿根花卉，因此花境的管理相对粗放，一般花境种植后可维持3~5年，期间每年只需要补种、分栽、除草等低成本维护。

三、花境的分类

1. 依观赏角度分类

花境按照观赏角度分为单面观花境、双面观花境和对应式花境。

（1）单面观花境

单面观花境一般临路而设，多有背景衬托，背景可以是建筑、墙体、绿篱、树丛等（图4-2-1）。花卉布置时后面高、前面矮，供单面观赏。花境的边缘可以是直线也可以是曲线。

图4-2-1 单面观花境

（2）双面观花境

双面观花境一般设置在道路、广场中间的绿地或隔离绿地中，也可用于花卉展示等。布置时中间花卉株高相对高，两侧低，或者借助于地形，使得中间高两侧低，满足双面观赏。

（3）对应式花境

对应式花境一般设置在园路两侧，两侧的花境可以完全一样，也可以在保证风格色调一致情况下有所不同，增加趣味性（图4-2-2）。在规则式园路中，尽头可结合花境设置焦点，焦点可以是植物组合、喷泉或者雕塑等；在自然式园路中，花境结束时可采用山石、花灌木或者常绿乔木加以点缀。

图4-2-2　对应式花境

2.依植物材料分类

（1）草花花境

花境内所用的植物材料由草本花卉组成，包括一、二年生花卉花境，宿根花卉花境，球根花卉花境及观赏草花境。一般以宿根花卉花境较为常见，管理也方便，有时为了延长观赏期，可在宿根花卉花境中补充一些一、二年生花卉。

（2）灌木花境

灌木花境是指由各种灌木组成的花境。灌木花境适应性较强，养护管理简便。灌木的种类也多样，可将春花、夏花、常年异色叶、秋冬观果的灌木搭配在一起，不仅景观效果丰富，而且还能够延长花境的观赏期。

（3）混合花境

混合花境是一种以宿根花卉为主，配置少量花灌木、针叶树、观赏草或艺术小品等组成的花境。因其可选择的植物材料范围较广，一般观赏期较长，变化多样，在城市园林中具有较高的应用价值。

四、花境应用实例

"滋兰树蕙"花境是校园花境的代表，位于北京市园林学校D-09地块西北角（图4-2-3），占地约150m²。花境北侧和西侧紧临学校要道，该区域景观元素较丰富，以乔灌木和假山构成花境的竖向背景；地形由外至内逐渐升高，高度差近1m，临路中心区域散置有黄石，这些都为花境提供了很好的先天条件。"滋兰树蕙"语出《楚辞·离骚》："余既滋兰之九畹兮，又树蕙之百亩"，比喻培养很多有美好品质的人才。北京市园林学校正是遵循这样的教育理念，珍视每一位学生，让所有的学生都成为对行业有用的人才。

花境的骨干植物有：上层的有火炬花、松果菊等；中层的有金鸡菊、鼠尾草等；下层的有玉簪、八仙花等。春季效果：主要开花的有火炬花、大丽花、大花海棠、'爵士舞'轮叶金鸡菊等，红色、黄色表达学生接触新知识的兴奋与激动，对职业生涯的向往。夏季效果：色彩更加斑斓，但主要通过蓝色、粉色表达学生在学习过程中对未来的憧憬，以及在知识的海洋中遨游向往未来的人生。秋季效果：主要的开花植物有八宝景天、花叶美人蕉、彩叶草、火炬花等，色彩突出红色、黄色，表达秋天是收获的季节，也表达学生经过学习后成才的寓意。

图4-2-3 "滋兰树蕙"花境

第三部分
垂直绿化

在校园中，适当地使用垂直绿化，可以增加立体景观效果，美化墙面，还可以围合空间，装点山石，作为其他植物的背景等。垂直绿化可以用到很多种攀缘植物，为学生学习、识别和应用攀缘植物提供场所。

一、垂直绿化的概念

垂直绿化主要利用攀缘性、蔓性及藤本植物对各类建筑及构筑物的立面、篱、垣、棚架、柱、树干或其他设施进行绿化装饰，形成垂直的绿化、美化。

二、垂直绿化常用的植物类型

垂直绿化离不开攀缘植物，它们的共同特点是茎细长、不能直立，但均具有借自身的作用或特殊结构攀附他物向上伸展的攀缘习性。

1. 缠绕类
这类攀缘植物茎细长，主枝或新枝条幼时能沿支持物左旋或右旋缠绕而上。常见的种类有紫藤、铁线莲、猕猴桃、金银花、牵牛花、莴萝等。

2. 卷须类

这类攀缘植物的茎、叶或其他器官变态成卷须，卷附于栅栏、栏杆以及其他支撑物而向上攀爬。常见的种类有扁担藤、葫芦、丝瓜、豌豆、葡萄等。

3. 蔓生类

这类植物没有特殊器官，仅靠细柔而蔓生的枝条攀缘。常见的种类有叶子花、木香、天门冬、垂盆草、蛇莓、胡颓子等。

4. 吸附类

这类植物具有气生根或吸盘，可分泌物质将植物黏附于他物之上，依靠吸附作用而攀缘。常见的植物有爬山虎、常春藤、凌霄等。

三、垂直绿化的形式

1. 点缀式

攀缘植物以孤植或两三株丛植形式出现，独立存在，或与山石、柱体结合，在造景中起到点缀作用，一般突出攀缘植物的姿态美或者色彩美。经常使用的植物有紫藤、南蛇藤、蔷薇等。

2. 群落式

将攀缘植物应用于植物群落中，使攀缘植物成为群落的一部分，观赏攀缘植物的轮廓、姿态、叶色、花色、果实等。

3. 悬挂式

在教学楼的女儿墙、栏杆上、居室窗外等处可放置花槽，种植色彩斑斓、飘逸的下垂植物，既有效利用了空间，又美化了环境。常用的攀缘植物有矮牵牛、常春藤、铁线莲、金叶薯等。

4. 整齐式

攀缘植物经常和墙垣、栏杆结合，形成平面上为线、立面上为面的整齐观赏效果。例如，墙面上攀爬爬山虎（图4-3-1），廊柱上攀爬山荞麦、藤本月季（图4-3-2）等。这种应用形式主要表现观赏植物形成的规则美及重复的韵律美。

图4-3-1 爬山虎

图4-3-2 藤本月季

参考文献

陈有民，2011. 园林树木学［M］. 北京：中国林业出版社.

董丽，2015. 园林花卉应用设计［M］. 3版. 北京：中国林业出版社.

熊运海，2009. 园林植物造景［M］. 北京：化学工业出版社.

纭七柒，2016. 北京林业大学校园植物导览手册［M］. 北京：中国林业出版社.

张金政，林秦文，2015. 藤蔓植物与景观［M］. 北京：中国林业出版社.

张天麟，2013. 园林树木1600种［M］. 北京：中国建筑工业出版社.